低压台区线损治理及典型案例汇编

国网浙江省电力有限公司衢州供电公司　组编

汪岳荣　主编

中国电力出版社
CHINA ELECTRIC POWER PRESS

图书在版编目（CIP）数据

低压台区线损治理及典型案例汇编 / 国网浙江省电力有限公司衢州供电公司组编；汪岳荣主编 . —北京：中国电力出版社，2022.12

ISBN 978-7-5198-7269-4

Ⅰ. ①低… Ⅱ. ①国… ②汪… Ⅲ. ①低电压—线损计算—案例—汇编 Ⅳ. ① TM744

中国版本图书馆 CIP 数据核字（2022）第 221790 号

出版发行：中国电力出版社
地　　址：北京市东城区北京站西街 19 号（邮政编码 100005）
网　　址：http://www.cepp.sgcc.com.cn
责任编辑：杨敏群　王　欢（010-63412240）
责任校对：黄　蓓　王海南
装帧设计：张俊霞
责任印制：钱兴根

印　　刷：三河市万龙印装有限公司
版　　次：2022 年 12 月第一版
印　　次：2022 年 12 月北京第一次印刷
开　　本：710 毫米 ×980 毫米　16 开本
印　　张：17.25
字　　数：234 千字
定　　价：105.00 元

前　言

　　降损增效是供电企业历久弥新的研究课题，而低压台区线损治理则是降损的重要内容，也是国家电网有限公司系统各级单位长期的重要工作之一。随着需求侧用电水平、用电结构的不断变化，智能电网和用电信息采集系统建设的持续推进，低压台区线损治理的精细化程度不断深入，相关工作要求不断提高，基层供电企业需要突破瓶颈制约，持续提高治理效率。2020年国网衢州供电公司设立营销稽查服务中心，构建集中管控高效协同的台区线损治理新模式，抽调精兵强将组建"市、县、所"三级台区线损治理专班，协同高效开展异常线损的分析研判和现场排查治理。

　　在两年多的实际工作中，市级专班每月编制台区线损治理典型案例月报，指导全市基层专业管理人员和一线员工学习交流和工作实践，累计收集整理各类典型案例500多个。国网衢州供电公司在梳理总结这些案例的基础上，选取其中最具代表性的典型案例，组织编写了《低压台区线损治理及典型案例汇编》。本书主要内容包括低压台区线损治理发展历程、相关术语概念、影响低压台区线损的主要因素、研判和排查基本思路与基本方法、各类典型案例等。典型案例部分共分十大类，每个案例包括案例描述、分析研判、现场核查、整改措施、小结和建议等几方面，以期为供电企业广大基层专业管理人员和一线员工更好开展台区线损治理工作，提高台区线损稽查效率提供有益帮助。本书所附图片，均为现场排查和处理的真实照片，相关截图均为系统分析研判实际截取，以方便展示分析和排查的关键点。由于系统升级，大部分老系统截图与新系统格式有差异，仅供参考示意。

本书在编写过程中得到了国网浙江省电力有限公司专业管理处室的支持和指导，在此表示衷心感谢。

限于编者水平，难免有疏漏之处，敬请广大读者提出宝贵意见。

编　者

2022 年 10 月

目 录

第三章　低压台区线损异常排查治理典型案例

第一章

低压台区线损治理概述

第一节 低压台区线损治理发展历程

低压台区线损治理的历史并不长，从起步至今近二十年，其起步的关键节点是从合表用电时代跨越到"一户一表"用电时代。早期未实现"一户一表"计量计费之前，基层供电企业线损治理主要针对 10kV 及以上线路电能损耗。以 10kV 线损率为例，供电量为变电站 10kV 线路关口计量点电量，用电量为该线路供电范围内的专用变压器用户用电量、城市公用变压器总表或低压合表电量、农村综合变压器总表电量之和，两者之间的差值即为 10kV 线路线损电量，以此计算出 10kV 线路线损率。由于 10kV 线路普遍较长，供电范围较大，10kV 线损率普遍较高，大多在 10% 以上，少数甚至高达 20% 以上。经过几十年的持续努力，10kV 及以上线损率已经大幅度降低。

1. 低压合表用电时代

在实施"一户一表"计量计费前，低压用户计量计费主要分为两种方式，一是城区公用变压器下动力用电计量和照明合表用电计量，动力用户直接向供电企业交纳电费，合表用电由其中一户为代表户申请立户装设一只总表，总表下每户装设分表，分表与总表间的损耗由各户分摊，供电企业按总表计量的电量收取电费；二是农村综合变压器总表计量计费，总表下装设用户产权的分表计量或实行定量计费，一个村一台或多台变压器，每台变压器一个结算户，相关台区低压电能损耗由各分表用户自行分摊。这一时期，供电企业未实施低压电网线损的治理工作，一直持续到 20 世纪 90 年代末。低压台区线损治理起步于 21 世纪初期。

2. 低压"一户一表"用电时代

（1）"一户一表"的实施为台区线损治理奠定了根本基础。

1998 年开始，全国拉开"两改一同价"工作序幕，即改造农村电网、改革农电管理体制、实行城乡用电同网同价，农村推广实施"一户一表"计量收费。同时，城镇用电"一户一表"改造稳步推进，合表用电逐步改造为"一户一表"计量计费。经过几年的不懈努力，2003 年逐步实现了城乡用电"四到户"，即销售到户、抄表到户、收费到户、服务到户。"一户一表"的全面实施，为台区线损的治理奠定了根本基础。

（2）用电信息采集系统建设全覆盖为台区线损治理提供了技术保障。

2004 年，农村低压台区线损治理开始起步，但工作方式为人工抄表、人工计算。由于人工抄表时间跨度较大，总表电量与户表电量的同步性难以实现，线损率计算偏差较大，低压台区线损治理较为粗放，15% 以上线损率的台区较为普遍，因季节性用电和抄表时间差，明显的负线损较为常见。

2010 年，国家电网公司用电信息采集系统建设工作全面启动，按照"统一规划、统一标准、统一建设"原则，利用 5 年时间（2010—2014 年），实现电力用户用电信息采集的"全覆盖、全采集、全费控"。经过努力，2013 年开始，国家电网公司系统各省级公司陆续实现采集全覆盖，为台区线损精益化管理提供了坚强技术保障。

（3）台区线损治理的深入实施促进了营销精益化管理的跨越提升。

台区线损治理稳步实施，有效促进了营销基础管理从粗放的手工管理向系统性的信息化、智能化、精益化转变。户变对应关系异常、采集覆盖率和数据完整率、计量装置异常、违约用电、漏电等一系列基础性技术和管理问题得到进一步解决和完善。2019 年开始"一台区一指标"台区线损治理方式的推广实施，标志着台区降损增效进入一个新的时代。

第二节　低压台区线损治理相关术语概念

（1）**台区**。台区指一台或一组变压器的供电范围或区域。

（2）**台区线损**。台区配电网在输送和分配电能的过程中，由于配电线路及配电设备存在着阻抗，在电流流过时就会产生一定数量的有功功率损耗。在给定的时间段（日、月、季、年）内，所消耗的全部电量称为线损电量。台区线损电量＝台区供电量－台区用电量。从管理的角度分为技术线损和管理线损。

（3）**技术线损**。技术线损又称为理论线损，是电网各元件电能损耗的总称，主要包括不变损耗和可变损耗。技术线损可通过理论计算来预测，在现实生产中不可避免，可以采取技术措施达到降低的目的。

（4）**管理线损**。管理线损主要包括由计量设备误差引起的线损以及由于管理不善和失误等原因造成的电能损失。因此，管理线损可以通过规范和强化日常业务管理等手段降低。

（5）**台区线损率**。台区线损率＝（台区线损电量／台区供电量）×100%。

（6）**公变采集终端**。公变采集终端（以下简称公变终端）是公用配电变压器综合监测终端，实现公变侧电能信息采集，包括电能量数据采集，配电变压器和开关运行状态监测，供电电能质量监测，并对采集的数据实现管理和远程传输。同时还可以集成计量、台区电压考核等功能。

（7）**台区供电量**。台区供电量＝台区公变终端正向电量＋分布式电源（光伏用户）上网电量＋其他反向电量（电梯反向等）。

（8）**台区用电量**。台区用电量＝公变终端反向电量＋普通用户用电量＋分布式电源（光伏用户）用电量＋其他（无表用户电量、业务变更电量、退补电量等）。

（9）**相电压、线电压**。三相电路中每个相两端（头尾之间）的电压称为相电压。任意两根端线间（相与相间）的电压称为线电压。在智能电能表中可以读取每一相的实时相电压。三相电压对称的情况下，线电压等于相电压的 $\sqrt{3}$ 倍。

（10）**有功功率**。交流电路中，电阻所消耗的功率为有功功率，以字母 P 表示，单位用瓦（W）或千瓦（kW）表示，有功功率与电流、电压关系式为：$P=UI\cos\varphi$，在三相智能电能表中可以读取这个参数。

（11）**无功功率**。在交流电路中，电感（电容）是不会消耗能量的，它只是与电源之间进行能量的交换，并没有消耗真正的能量。把与电源交换能量的功率称为无功功率。用符号 Q 表示，单位为乏（var）或千乏（kvar）。无功功率与电压、电流之间的关系为 $Q=UI\sin\varphi$，一般在三相智能电能表中可以读取这个参数。

（12）**功率因数**。在交流电路中，同相电压与电流之间的相位差（φ）的余弦叫作功率因数，用符号 $\cos\varphi$ 表示。在数值上，其即为有功功率与视在功率之比即 $P/S=\cos\varphi$。在总功率不变的条件下，功率因数越大，则电源供给的有功功率越大。这样，提高功率因数，可以充分利用输电与发电设备，一般在三相智能电能表中可以读取这个参数。

（13）**互感器**。互感器是电流互感器和电压互感器的统称，能将高电压变成低电压、大电流变成小电流，用于测量或保护系统。TA 代表电流互感器。电流互感器是将一次接线系统的大电流换成标准等级的小电流，向二次测量、控制与调节装置及仪表提供电流信号的装置。TA 变比指电流互感器的大电流与转换后的小电流数值的比值。低压台区供电电能计量中，公用变压器计量、容量较大用户用电计量均需要使用电流互感器。

（14）**缺相**。三相电能表在运行过程中，由于接线接触不良等原因造成的电压丢失或低于某一电压值（但不为零）的现象称为缺相。

（15）**断相**。断相是指三相电能表在运行过程某相电压为零的现象。

（16）**高损台区**。高损台区是指在某一统计期内台区同期线损率超过管理单位设定指标要求的异常台区。

（17）**负损台区**。负损台区是指在某一统计期内台区同期线损率低于0%的异常台区。

（18）**分布式电源**。分布式电源指在用户所在场地或附近建设安装、运行方式包括全额上网或用户侧自发自用为主、多余电量上网两种，且在配电网系统平衡调节为特征的发电设施或有电力输出的能量综合梯级利用多联供设施。它包括太阳能、天然气、生物质能、风能、地热能、海洋能、资源综合利用发电（含煤矿瓦斯发电）等。本书内主要指光伏发电用户。

（19）**采集主站**。采集主站指通过信道对采集设备中的信息进行采集、处理和管理的设备，以及采集系统软件，本书内采集主站指用电信息采集系统主站，简称主站。

（20）**前置机**。前置机是主站与集中器连接的枢纽，主要负责采集系统数据的定时采集和处理，能够在指定条件下自动完成采集系统定义的任务，响应分站及通信通道的故障报警，通知管理人员进行处理，在线监视所有设备的运行情况。

（21）**集中器**。集中器是对低压用户用电信息进行采集的设备，负责收集各采集器或电能表数据，并进行处理存储，同时能和主站或手持设备进行数据交换的设备。

（22）**采集器**。用于采集多个或单个电能表的电能信息，并可与集中器交换数据的设备。采集器依据功能可分为基本型采集器和简易型采集器。基本型采集器抄收和暂存电能表数据，并根据集中器的命令将存储的数据上传给集中器。简易型采集器直接转发集中器与电能表间的命令和数据。

（23）**通信模块**。通信模块指采集系统主站与采集终端之间、采集终端与采集器以及采集器／采集终端与电能表之间本地通信的通信单元或通信设备。一般采集器/采集终端与电能表之间的通信单元使用窄带载波、微功率无线或宽带载波等通信方式；采集系统主站与采集终端之间多采用 GPRS/CDMA，230M 以及 4G 等通信方式。

（24）**规约**。规约在系统中指某种通信规约或数据传输的约定，低压用户抄表子系统中使用的规约有自定义规约和多种电能表规约。

（25）**上传**。上传是主站向集中器发送请求数据命令后，集中器将数据传送到主站的过程。

（26）**主动上传**。主动上传是指不需主站发送指令，集中器主动向主站传输数据的方式，一般主动上传信息为事件类信息。

（27）**数据冻结**。数据冻结是采集终端依照电能表通信规约规定向电能表发送的一条命令，电能表执行该命令后将这一时刻的数据保存在电能表缓存内；采集终端从电能表缓存中读取数据，并把该数据与时标一起封装后存储在采集终端。

（28）**临时用电**。临时用电是指基建工地、农田基本建设、市政、抗旱、排涝用电等非永久性用电。临时用电期限除经供电企业准许外，一般不得超过六个月。它包括无表临时用电和有表临时用电两种计量方式。

（29）**违约用电**。违约用电主要指在供电企业的供电设施上，擅自接线用电，绕越供电企业用电计量装置用电，伪造或者开启供电企业加封的用电计量装置封印用电，故意损坏供电企业用电计量装置，故意使供电企业用电计量装置不准或者失效，以及其他未经供电企业允许的盗违约用电能行为。

（30）**户变关系**。户变关系指台区所供电用户与台区配电变压器的隶属关系，一个用户内任一个计量点应对应唯一配电变压器，但多电源用户除外。户变关系也称台户关系。

（31）**一台区一指标**。一个台区确定一个线损率管理指标。目前主要采用两种方法：一是大数据法，根据低压台区不同的网架结构、供电半径、负载率、负荷特性、末端电量占比、三相不平衡度、功率因数、上网电量占比、首末端压降等多种因素，建立计算模型，科学确定该台区线损率管控合理区间范围；二是基于台区电压损失百分比与功率损失百分比之间的比例关系，通过易于测量的电压损失百分比来计算台区线损率管理指标。

第三节　影响低压台区线损的主要因素

（1）**户变关系异常**。户变关系不一致，用户与供电变压器对应关系错误，不能反映台区线损的真实情况。

（2）**分布式电源信息异常**。分布式电源信息维护不正确，关口计量点方案配置错误，造成上网电量未计入台区供电量或错误电量信息计入。

（3）**互感器变比信息错误**。公用变压器和用户计量点低压电流互感器变比的系统信息与现场实际不符。

（4）**采集覆盖不同步**。业扩新装增容流程与采集覆盖不同步，造成新增用电量未采集计入，线损率失真。

（5）**系统数据不同步**。营销系统计量装置更换流程结束后，用电信息采集系统相关数据信息未自动同步，导致倍率错误等引起电量计算差错问题，需通过人工同步操作，并刷新前置机实现信息同步。

（6）**采集未全覆盖**。采集覆盖率未达到100%，系统不予计算线损率或电量缺失，导致线损率异常。

（7）**通信信号异常**。通信信号不稳定，采集数据中断，造成日电量计算错误，引起线损率异常波动。

（8）**采集数据不完整**。采集数据不完整，系统估算电量或缺失，引起线损率异常波动。

（9）**采集运维管理不到位**。采集系统任务设置错误、采集设备故障、时钟异常、其他异常处理不及时、公用变压器采集设备安装错位等问题，引起线损率异常波动。

（10）**线路和设备状况不良**。低压电网线路和设备状况差，存在漏电、过度发热、线径细、压降偏大、无功补偿不足功率因数偏低等问题。

（11）**电网结构不合理**。台区供电半径过大、前后端导线线径不匹配、三相负荷严重不平衡、末端大负荷等都会增加电能损耗。

（12）**电网运行维护不善**。低压电网运行维护不到位，针对漏电、末端短路、低电压、三相负荷严重不平衡、无功补偿装置不能正常投切、接地装置异常、线路搭接接触不良等处置不及时。

（13）**安装工艺和质量问题**。低压线路和设备安装工艺和质量差，螺栓未紧固导致过热，绝缘线紧贴金属件磨损后引起漏电，电能表接线桩头未紧固引起电量少计或烧表不计电量，引起线损率异常升高。

（14）**公用变压器侧计量接线异常**。公变终端和互感器错误接线或接线松动，供电量少计，引起负线损或线损率偏低。

（15）**用户侧计量接线异常**。电能表和互感器错误接线或接线松动，供电量少计，引起大线损或线损率偏高。

（16）**计量装置故障**。电能计量装置运行质量问题，少计或不计电量，引起大线损或线损率偏高；电能表超差，正向超差或负向超差，引起电量多计或少计，造成线损率失真。

（17）**违约用电**。各种形式的违约用电行为。

（18）**供电设施的外力破坏**。现场土建施工挖破电缆引起不同程度漏电，重型车辆压坏电缆管道损伤电缆引起漏电，树木毛竹倒伏触碰裸导线引起漏电等。

第四节　引起低压台区线损异常升高的主要原因

1. 技术类原因

（1）台区供电半径过大。

（2）台区变压器长期重载或过载。

（3）台区低压线路和户联线线径偏细。

（4）台区三相负荷严重不平衡。

（5）末端用户低电压。

（6）末端用户电量占比过高。

（7）台区功率因数偏低。

（8）分布式发电（光伏）用户发电量占比过高，存在大量倒送电量。

（9）设备和导线接头未安装紧固导致过度发热。

2. 管理类原因

（1）**户变对应关系错误**。现场实际在本台区供电的用户，系统对应关系误挂其他台区，实际在本台区消耗的电能量未计入用电量。

（2）**用户电量采集失败**。因采集系统各种原因引起采集数据失败、缺失，系统估算电量低于实际用电量，引起线损率虚高。

（3）**光伏发电用户误挂本台区**。实际在其他台区的光伏发电用户，系统对应关系误挂本台区，上网电量计入本台区供电量，导致总供电量计算虚高。

（4）**公用变压器计量 TA 信息错误**。公变终端计量 TA 变比现场与档案信息不一致，现场实际小于档案信息。现场计量 TA 变比小（如 1000/5），系统档案信息变比大（如 1200/5），导致供电量计算虚高。

（5）**公变终端安装错位**。同一天同一组人员在安装多台公变终端时，因工作失误，将其中两台或多台公变终端错位安装，导致其中某台或多台出现高线损，而另外台区可能出现低线损或负线损。

（6）**公变终端采集数据估算偏差**。公变终端因采集数据缺失而估算高于实际电量值，导致供电量计算虚高。

（7）**全额上网光伏发电户并网点接线错误**。误将全额上网并网点接入用户表后线路，造成用户实际用电量少计。

（8）**用户计量装置接线错误少计用电量**。错误接线较为常见，主要包括：单相电能表进出线接反，正向计量电量为零；三相电能表一相或多相进出线接反、电压连接片断开，均会少计或不计电量；经互感器接入三相电能表计量装置，互感器一次进出线方向错误、二次进出线方向错误、联合接线盒接线错误、联合接线盒电流连接片短接或开路（断流）、电压连接片断开，均会造成电量少计或不计。

（9）**用户计量装置接线安装质量问题**。安装接线质量不佳造成少计用电量问题较为常见，主要包括：电能表接线桩头螺栓未拧紧甚至完全松动，导致少计或不计用电量；接线未紧固造成桩头烧坏甚至烧毁电能表引起电能表用电量少计或不计用电量；电流互感器二次线接头、联合接线盒二次电流、电压连接片松动，少计用电量。

（10）**电能表故障**。电能表断相、失压、缺流、停走等故障，导致少计或不计用电量；日冻结数据错误或不能冻结，导致采集的用电量数据错误，少计用电量。

（11）**电流互感器故障**。低压电流互感器一相或多相故障，二次电流异常减小，导致较为明显的用电量少计。

（12）**用户侧计量电流互感器信息不一致**。现场电流互感器实际变比大（如200/5），系统档案信息变比小（如100/5），造成用电量少计。

（13）**用户侧电能表或互感器配置过小**。用户实际用电负荷严重超出计量装置额定电流，导致电量少计。

（14）**新装或增容用户采集未覆盖**。用户新装或增容后，现场已送电并已实际用电，但系统流程未结束，采集未同步覆盖，导致用电量未纳入台区线损率的总用电量计算，引起台区线损率虚高。

（15）**无表（定量）用户实际用电量增加**。点多面广的定量（无电能表计量）用户，未按要求及时正确重新核定用电量，实际用电量增加后，导致少计用电量。

（16）**导线和电缆漏电**。架空裸导线触碰竹木等漏电、绝缘导线绝缘层破损漏电、电缆受外力破坏绝缘损坏漏电等。

（17）**违约用电问题**。各种方式和手段的违约用电，是引起台区线损升高的重要原因。

第五节　引起低压台区负线损异常的主要原因

1. 技术类原因

（1）**公变终端或电能表正常误差所致**。台区下用户数量较少时，当公变终端（合格误差为 ±1% 内）为小负（−1% 以内）误差时，可能出现台区负线损；当公变终端误差为 0，某一只或多户低压用户误差为正误差（+1% 或 +2% 以内）时，总用电量超过供电量，可能出现台区负线损。

（2）**小电量台区公变终端计量 TA 配置过大**。新上公用变压器台区用户用电量较少，或拆迁区域公用变压器台区用户用电量大幅度减少时，由于 TA 配置处于不合理的过大状态，可能引起台区供电量计量偏少问题，导致台区负线损。

（3）用户侧计量电能表飞走。运行电能表出现飞走异常时，用户用电量突增，可能引起台区负线损。

2. 管理类原因

（1）户变对应关系错误。现场实际在其他台区供电的用户，系统对应关系误挂本台区，实际在其他台区消耗的电能量计入本台区用电量中，导致台区用电量虚高引起负线损。

（2）光伏发电用户误挂其他台区。实际在本台区的光伏发电用户，系统对应关系误挂其他台区，上网发电量计入其他台区供电量，导致本台区总供电量计算值减少，引起线损率下降或为负。

（3）用户电量采集失败。因采集系统各种原因引起采集数据失败、缺失，系统估算电量高于实际用电量，引起线损率下降或为负。

（4）光伏发电采集失败。因采集系统各种原因引起采集数据失败、缺失，系统估算上网电量低于实际上网电量，引起线损率下降或为负。

（5）公用变压器计量 TA 信息错误。公变终端计量 TA 变比现场与档案信息不一致，现场实际大于档案信息。现场计量 TA 变比大（如 1200/5），系统档案信息变比小（如 1000/5），导致供电量少计。

（6）公变终端接线错误少计供电量。公变终端进出线接反、电流电压线不同相位、电流连接片短接、电压连接片断开等错误，造成供电量少计。

（7）公变终端计量 TA 故障。一组计量 TA 中一只或多只 TA 出现故障，造成二次电流减少或为零，导致总供电量少计。

（8）公变终端故障。因终端故障少计供电量。

（9）公变终端采集数据估算。公变终端因采集数据缺失而估算低于实际电量值，导致供电量计算偏少。

（10）用电量重复计量。新装或增容时，计量点电源进线搭接点错误，计量装置安装在原有其他用户的表后线上，造成用电量重复计量，台区总用电量虚高。

（11）**用户侧计量电流互感器信息不一致。**现场电流互感器实际变比小（如 100/5），系统档案信息变比大（如 200/5），造成用电量多计算。

（12）**无表（定量）用户电量核定偏高。**一般在小电量台区，因无表（定量）用户的数量和实际用电量减少，未及时重新核定，可能造成用电量虚增导致负线损。

第二章

低压台区线损异常分析与排查

第一节 低压台区线损异常分析研判基本思路

高线损可分为长期性高线损和突发性高线损，负线损可分为长期小负线损和突发负线损，一般可按以下思路开展分析研判。

一、长期性高线损分析研判思路

1. 线损率曲线波动较小的长期性高线损

台区线损率明显高于合理值，但线损率曲线波动较小，一般日间线损率波动幅度小于 1 个百分点，相对稳定的高线损，主要从技术线损角度入手，重点分析研判：低压电网供电半径是否偏大，一般供电半径明显超过 500m 以上判定为偏大；线径是否偏细，特别是运行多年未改造的低压电网、户联线线径是否偏细；是否存在远离负荷中心，且日用电量较为稳定的较大电量用户，一般占台区总电量比例 10% 以上；台区功率因数是否偏低，一般应不低于 0.9；三相负荷分布是否严重不平衡；公用变压器是否重载过载。此类问题主要通过增容、技术改造和增加供电电源布点来解决。

2. 线损率曲线波动明显的长期性高线损

根据多年线损治理经验，台区日供电量 400kWh 以上，台区线损率波动幅度大于 2 个百分点，线损率长期高于合理范围的台区，主要从管理线损角度入手，重点分析研判：采集覆盖率是否 100%，采集成功率是否 100%、采集失败用户估算电量影响程度、户变对应关系是否正确、用户数量是否减少、光伏台区公变终端反向电量是否计入台区用电量。

充分运用用电信息采集系统数据，选取日线损率低与日线损率高的不同日期，导出该日期的台区用户电量信息清单，比对用户电量变化情况，分析用户电量变化与台区线损率之间的关联关系，研判异常用户。用户用电量变化与台区线损率之间可能成正向和反向两种不同关联关系。一是正向关联，即该用户用电量增大，台区线损率升高，该现象一般发生在三相计量装置用户，可能是电能表或电流互感器的一相或两相故障、错接线、接线松动、烧损、失压、超容过载、电流连接片短接、一相或两相部分违约用电等；二是反向关联，即该用户电量减少，台区线损率升高，该现象一般发生在单相计量用户，可能是电能表故障、错接线、接线松动、烧损、失压、违约用电或三相用户三相全部违约用电。

二、突发性高线损分析研判思路

突发性高线损，分析研判需要从管理和技术两个方面入手。一是管理方面，首先核查采集覆盖率和采集成功率是否达到100%，是否为电量估算引起；通过系统数据信息比对核查台区户变关系是否存在错误，重点可通过对相邻和相近台区的线损率变化情况，研判是否存在关联性。如某台区同时段线损率突降或转为负线损，则可能这两个台区内存在用户户变关系错误；核查是否存在新装或增容用户已通电但采集未覆盖，造成该用户实际用电量未统计；核查是否存在用户增容后用电量反而下降，可能计量接线错误或电流连接片短接少计电量；核查是否用户增容后，营销系统与采集系统电流互感器变比未同步，导致少算电量；核查光伏发电用户，通过分析上网关口与用电关口电量、电流数据判断是否存在接线错误；核查是否存在用户实时用电负荷明显超出电能表或电流互感器额定电流，可能因严重超载少计电量；核查用户用电量明显下降甚至为零，可能计量装置故障、烧损等引起的；核查公变终端、大电量用户电能表时钟是否存在超差，导致电量不同期；研判是否存在突发漏电问题，如供电量突然增加，但用电量变化较小，突发并持续几天较为稳定的高线损，线路或设备漏电概率较大。排除上述问题可能性，则存在违约用电概率较大，可继续通过采集系统用户电流、电压、电量数据比对分析，筛选疑似违约用电户以备现场查证。二是技术方面，首先分析是否存在末端大负荷用电情况，核查大电量用户，如日用电量占台区总用电量比例超过30%，且距离台区负荷中心超过200m，引起高线损概率较高；季节性用电负荷突增后，低压线路压降明显加大，引起台区线损突增。

三、长期小负线损分析研判思路

一般认为–1%～0%之间的较为稳定负线损为长期小负线损，出现长期小负线损的台区一般低压电网供电半径较小，线路质量较好，理论电能损耗较低。在分析研判时，主要考虑技术方面原因占比较大，也可能存在少量管理因素。一是技术方面，主要考虑计量正常误差原因，公变终端计量准确度等级相当于有功电能表1.0级，即合格误差为±1%，如公变终端实际误差为0%以下的负误差时，较大概率可能出现小负线损；一般单相用电计量电能表准确度等级为2.0级，即合格误差为±2%，当台区内绝大多数用户为单相用户，且大多数电能表合格误差为正误差，即大于0%时，可能出现小负线损概率较大；台区内主要为三相用电用户，电能表合格误差为正误差，且正误差值大于公变终端的误差值，出现小负线损概率较大；台区总负荷较小，属于轻载状态，总供电量较小时，公变终端配置电流互感器变比过大，计量回路电流低于计量启动电流，少计供电量，引起小负线损概率较大。二是管理方面，主要考虑台区内户变关系错误，现场实际由其他台区供电的用户，档案信息错误关联本台区，因用电量较小，尚未引起实际供电台区线损率明显升高，未及时发现，导致较为隐蔽的户变关系错误长期存在；小容量光伏发电户上网关口信息维护不到位，上网电量未计入台区供电量；高层住宅小区电梯设备引起的反向电量，在台区轻载情况下可能引起负线损。

四、突发负线损分析研判思路

突发负线损主要是管理因素所致，主要包括供电量少计和总用电量虚增两个方面。一是台区供电量少计，可通过采集系统各项数据进行初步分析研判。核查公变终端三相分时电流、电压和电量数据，比对日供电量是否存在供电量突然减少问题，引起台区供电量突然减少的原因主要包括：运行中公变终端一相或两相电流明显减少或为零，电压缺相、失压；公变终端更换后接线错误、电流连接片短接、接线螺丝松动等原因引起少计电量；公变终端或电流互感器故障少计电量；公变终端采集失败数据估算少估电量；公变终端更换电流互感器后现场变比换大，系统信息未同步，依然按照原变比计算电量，导致供电量少计；大容量光伏发电户上网关口信息维护不到位，上网电量未计入台区供电量。二是台区总用电量虚增，台区切割用户转移信息错误，误增本台区用户数，虚增台区用电量；电源引自其他台区的新装用户，关系错误对应本台区，虚增本台区用电量；增容用户电源改接其他台区后，未正确修改台区信息，用电量错误统计在原台区，引起台区总用电量虚增；原先一直由其他台区供电的用户户变关系错误关联本台区，但此前长期未用电，近日突然开始用电，用电量错误统计在本台区，引起台区总用电量虚增；新装用户电源错误接自其他用户表后线路，造成电量重复计量，虚增用电量；应急抢修时，从相邻台区接入电源，造成本台区临时性电量虚增；用户电能表电量突变，台区总用电量异常增加。

第二节　低压台区线损异常分析研判基本方法

（1）**确认户变关系是否完全一致。**确认户变关系是否正确是分析研判台区线损异常原因的首要前提，一般可通过台区用户清单中用电地址比对、相邻台区用户清单比对、集中器搜表装接用户清单比对、使用台区识别仪现场核查等方式分析判别。极端方式可利用台区停电的时机，进行确认。如户变对应关系错误，则会导致分析研判失误甚至研判方向南辕北辙。

（2）观察线损率曲线波动情况。正常情况下，采集覆盖率和采集数据成功率100%，台区线损率曲线应保持相对平稳的微弱波动范围，如出现较为明显的高低波动，甚至出现锯齿状的曲线，不论是否在管理上所设定的合理区间范围内，都应重点跟踪分析，查明原因。

（3）核查线损计算模型是否完整。由于分布式电源（主要是光伏）的不断增加，台区线损计算模型配置务必不能遗漏每一户，并且严格区分全额上网和自发自用余电上网两种并网方式，避免错误配置和重复配置。

（4）核查采集覆盖和采集数据完整率。确认台区所有用户是否采集全覆盖，特别是检查新装和增容用户是否同步采集覆盖。核查是否有采集失败数据估算，以及估算前后对台区线损率计算的影响程度。核查公变终端采集数据是否正常，是否存在估算情况。

（5）核查公变终端电量是否正常。查看分析采集系统公变终端电流、电压是否正常，非光伏台区是否存在反向电量，光伏台区反向电量是否与光伏发电规模、天气相吻合。

（6）分析公变终端是否存在计量精度超差问题。确认公变终端到货后是否进行检测，确保装出运行的公变终端计量误差合格。运行多年的公变终端是否存在精度超差问题。

（7）核查公变终端和集中器时钟误差。通过系统实时召测时钟，核查确认公变终端和集中器时钟异常情况，是否存在时钟不合格超差，引起采集电量数据与实际存在偏差。

（8）核查分析零电量用户是否存在异常嫌疑。零电量用户可能存在实际不用电、故障不计量、接线错误、接线松动脱落、电能表冻结电量异常导致采集数据异常、违约用电等原因，需逐户核查、比对、分析和研判。

（9）**核查分析电量异常波动用户。**比对核查日用电量波动与台区线损率波动强关联用户，研判是否存在错接线、电能表故障、互感器故障等计量异常、违约用电等问题。

（10）**核查分析单相电能表相线与中性线电流不一致用户。**分析采集系统采集的相线和中性线电流数据，如中性线电流大于相线电流，排除中性线串户、中性线共用不规范装接等问题，则存在违约用电可能性较大。

（11）**核查分析三相电流、电压异常用户。**分析采集系统采集的用户三相电流和电压，如某相或两相电流为零，可能存在单相设备用电、计量装置故障、接线错误、违约用电等问题；如电压异常偏低或为零，可能存在计量装置故障、接线错误、违约用电等问题。

（12）**分析研判漏电的可能性。**供电线路或设备漏电，一般有几个特征，一是台区线损率异常升高后，随天气变化等影响不大，线损电量较为稳定且持续；二是从前后几个月时间观察，由于漏电点的接触面增加，存在线损率逐步增大趋势；三是突然出现大幅度台区线损率升高，土建施工等外力破坏导致漏电概率较大；四是台区供电量突然大幅增加，但用电量变化较小，存在漏电概率较大。

（13）**是否存在末端大负荷。**核查台区用户电量清单，对单户用电量达到台区总用电量 30% 以上的用户，通过系统分析或现场核查是否远离台区电源中心。

（14）**三相负荷严重不平衡。**分析采集系统公变终端的低压三相电流，是否存在较大差值，且大电流一相是否高于额定电流。

（15）**增容用户倍率未同步。**核查采集系统与营销系统用户档案信息，原直接式电能表计量的用户，增容后采用经互感器接入式计量，或者原互感器增容更换增大 TA 变比，采集系统与营销系统的 TA 变比可能因信息未同步，造成不一致，导致采集系统少计用户用电量，引起线损增加。

（16）**分析研判末端短路故障**。如台区供电量突增，用电量变化较小，公变终端某相电流大幅增加且持续稳定，现场检测无明显漏电电流，存在末端短路故障概率较大。

第三节 现场排查基本方法

一、现场排查工器具

现场排查应规范着装，一般需配备安全工器具和检查检测工器具，保障工作人员人身和设备安全，提高排查准确性和工作效率。

1. 安全工器具

（1）**安全帽**。现场排查必须规范佩戴安全帽。

（2）**绝缘手套**。现场排查时必须穿戴工作手套，带电操作仪器设备时须戴绝缘手套。

（3）**验电笔**。开启箱门、柜门等应先验电，确认无电后方可工作。

（4）**护目镜**。现场使用台区识别仪等直接接触带电设备时，在夹接电源时佩戴护目镜，以防冒火花伤及眼睛。

（5）**绝缘梯**。携带经检验合格的绝缘梯，用于登高检查、测量线路设备、计量装置等。

2. 检查工器具

（1）**台区识别仪**。用于现场核查用户与供电变压器的对应关系是否一致。

（2）**钳形电流表**。用于检测线路电流大小，一般配置大小钳口两种规格，适用于低压电缆、户联线、电能表、互感器接线等不同位置、不同规格的导线。

（3）漏电测试仪。用于检测、排查线路是否存在漏电和判断漏电点。

（4）红外测温仪。用于测量设备和接线桩头是否松动过热。

（5）台区线损分段测试仪。用于在线检测各低压分支线的线损率，以缩小异常排查范围。

（6）螺丝刀和尖嘴钳。用于开箱检查、检查计量装置接线是否紧固等。

（7）电能表现场校验仪。检查电能表计量是否正常。

（8）钥匙。携带表箱、分接箱钥匙，避免强行开箱损坏门锁。

（9）照明设备。便携式手电筒、头戴式照明灯等，用于夜间或光线较弱时检查照明。

二、现场排查要做到"五勤"

（1）腿勤。要多跑现场，现场情况错综复杂，足不出户难以发现问题真相。只有摸清台区现场的全面情况，才能发现各种蛛丝马迹，查清问题根源所在。

（2）眼勤。现场排查要多看、细看，不要走马观花，力求看清细节，及时发现隐蔽问题。

（3）手勤。关键环节要检查到位，运用各种工器具、检验检测仪器，核查确认是否存在问题，不能仅靠眼睛观看。

（4）嘴勤。多询问、多交流，向各类知情人员了解台区内的各种有效信息，如是否有设备更换、用户转接、应急抢修、用户新装、增容、计量装置更换、用户是否发现用电异常、用户是否长期外出还是正常在家、用户生产经营情况等。

（5）笔勤。认真及时记录现场排查各种信息情况，比对分析，并梳理保存，便于综合判断以及后续跟踪分析、研判。

第四节　现场排查基本步骤

（1）**台区公用变压器侧排查**。公用变压器侧排查项目主要包括：检查核对公变实际容量与系统档案信息是否一致，低压电流互感器变比与系统档案是否一致、配置是否合理，一次、二次电流进出线方向是否正确，公变终端接线是否正确，联合接线盒电压、电流连接片是否在正确的通断位置，上述接线端子是否紧固无松动；公变终端时钟误差是否正常，正反向电流、电量显示值与实测电流比对是否一致、公变终端显示电压与实际检测电压是否一致，检测低压出线漏电值是否异常（原则上不得大于300mA），通信信号是否正常，查看公变终端显示的功率因数是否偏低（一般应不低于0.9），电容器补偿装置配置及正常运行情况。根据需要现场校验公变终端计量误差，对运行多年的台区进行接地电阻检测，防止接地体腐烂电阻严重超大。

（2）**户变关系排查：**打印携带包含用户户名、户号、表号、TA变比、用电地址等信息的台区用户清单，携带台区识别仪，如为架空线路台区，则可从电源侧沿架空线路初步观察核对，观察困难或电缆化台区，使用台区识别仪逐户核查判别。如有台区计划停电或故障停电，可利用停电机会快速组织采集系统和现场确认相结合方式核查，也可采用不断创新的技术手段。

（3）**低压分接箱排查**。分接箱处排查项目主要包括：箱体及箱门锁，进、出线开关接线桩头测温，进出线电缆标识标牌，电缆绝缘层颜色异常、无标识异常出线核查（违约用电嫌疑），植物藤蔓、小动物尸体、开关或电缆接头异常接线痕迹（违约用电嫌疑）。

（4）**户联线排查**。户联线排查主要针对农村台区、城镇低压架空线台区。主要检查项目包括：线径是否偏细，导线绝缘层是否因过热变形甚至焦灼发黑，集束电缆穿刺线夹是否过热、导线与墙角铁支架绑扎是否有破损漏电情况，有无非正常外引线路存在违约用电可能等。

（5）**光伏发电用户排查。**光伏发电用户排查，重点检查接线方式是否正确。光伏发电计量接线方式分为全额上网和自发自用余电上网两类。重点排查：一是全额上网的接入点是否误接用电户表后线，造成用电电量少计；二是自发自用余电上网电能表进线出线接反，造成发电上网电量与用电量错误计量；三是发电表与上网关口表安装错位。

（6）**低压多表位集中表箱排查。**检查箱门封印是否完好，电能表装接和检验封印是否完好，电能表进出线接线是否存在接反，是否存在相线电流短接、分流，预留空置表位接线是否被人为无表接用，电能表脉冲是否正常，按压轮显按钮检查核对电能表显示电压、电流、电量数据与实际是否一致，核查失压、失流、停走等故障问题，表箱内表前开关是否有异常引出线。检查接线是否紧固，有无烧灼痕迹。

（7）**低压单表位直接式表箱排查。**检查箱门封印是否完好，电能表装接和检验封印是否完好，电能表进出线接线是否存在接反，检查表箱前端进线电流与表后出线电流是否一致，判断是否存在分流违约用电，表前进线开关是否存在两路及以上引出线分流违约用电，电能表进出线是否有短接、电能表脉冲是否正常，按压轮显按钮检查核对电能表显示电压、电流、电量数据与实际是否一致，核查失压、失流、停走等故障问题，测量中性线与相线电流是否一致，检查接线是否紧固，有无烧灼痕迹。

（8）**低压非直接式表箱排查。**除检查封印、电能表接线和轮显数据是否正常外，重点使用钳形电流表检测低压电流互感器一次与二次电流比是否与 TA 变比一致，一次、二次线进出线方向是否一致，电流互感器二次电流是否与电能表显示电流一致，TA 二次接线端子是否紧固，联合接线盒电流、电压连接片是否在正确位置并紧固。

（9）**零电量用户排查。**长时间零电量用户容易被疏忽，该类用户可分为四种情况：实际未用电零电量、故障所致零电量、接线错误所致零电量和违约用电所致零电量。台区内零电量用户应逐户开箱全面排查确认，排除故障、错接线、违约用电因素后，记录保存完整信息，规范施加封印。

（10）容易忽视的错接线排查。 单相电能表相线与中性线互换，一般情况下电量计量可能不受影响。但用户表后线出现三种情况，则会引起电量损失。一是用户存在中性线漏电时，漏电部分电量无法计量；二是一些用电设备如农村路灯，采用单线引出电源，就地借用中性线，如电能表安装时，误将相线接入中性线，而表后路灯线敷设时，选择有电压的一根线接入，则会造成电能表不计量电量；三是用户利用错误接线人为借用接地线实施违约用电。

（11）借助仪器设备分线分路排查。 通过分线分路安装临时计量检测装置，测试分析台区线损电量分布情况，按低压出线分路研判异常区域，缩小逐户排查范围。

（12）电能表常见异常现象及异常原因（见表 2-1）。

表 2-1　　　　　　　　　　　电能表常见异常现象及异常原因

电能表异常现象	异常原因
电能表报警灯亮起	电能表运行异常，要重点检查
反向功率指示灯亮起	电能表进出线反接
某相电压指示不显示	该相电压断相（为 0）
某相电压指示闪烁	该相电压值偏低
某相电流指示不显示	该相电流为缺相（为 0）
某相电流指示闪烁	该相电流值偏低
某相电流指示前显示"-"	电能表该相进出线反接，电流二次回路反接
用户用电时脉冲灯未正常闪烁	电能表不能正常计量

第三章

低压台区线损异常排查
治理典型案例

第一节 户变对应关系错误类案例

案例 1 台区低压用户切割导致户变对应关系错误

◢【案例描述】

线损治理小组发现，当年新增的某某一弄公二变自 2021 年 8 月 1 日开始，台区线损率一直超出合理区间上限，从 8 月 1 日至 10 日数据可见，台区最大日线损率达 40.43%，最大日损失电量达 1073.88kWh，如图 3-1 所示。

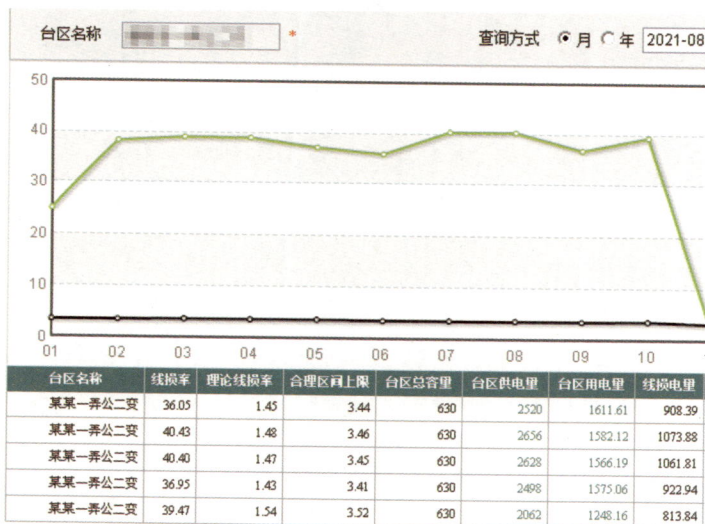

台区名称	线损率	理论线损率	合理区间上限	台区总容量	台区供电量	台区用电量	线损电量
某某一弄公二变	36.05	1.45	3.44	630	2520	1611.61	908.39
某某一弄公二变	40.43	1.48	3.46	630	2656	1582.12	1073.88
某某一弄公二变	40.40	1.47	3.45	630	2628	1566.19	1061.81
某某一弄公二变	36.95	1.43	3.41	630	2498	1575.06	922.94
某某一弄公二变	39.47	1.54	3.52	630	2062	1248.16	813.84

图 3-1 某某一弄公二变 8 月 1 日至 10 日的线损率变化情况

◢【分析研判】

（1）该台区供电方式采用纯电缆线路。从采集系统查看，台区线损率变化前后共 5 户低压用户，未发生变化，无光伏上网用户。采集覆盖率

100%，采集成功率 100%，未发现影响线损率计算因素。

（2）联系运检人员了解到，该台区附近的某某一弄公用变压器在上年夏季高峰期出现超载情况。为解决超载问题，前期在某某一弄公用变压器供电范围内新增设了一台公用变压器，即某某一弄公二变。

（3）查看采集系统信息，新增布点前，某某一弄公用变压器台区内共117 户低压用户。新增布点后，低压用户进行了切割，某某一弄公变台区内112 户，新布点的某某一弄公二变台区内 5 户低压用户。

（4）从系统中查询某某一弄公用变压器线损率情况，在同一时间段内出现较大负线损，相邻 2 个台区线损波动变化关系密切，如图 3-2 所示。

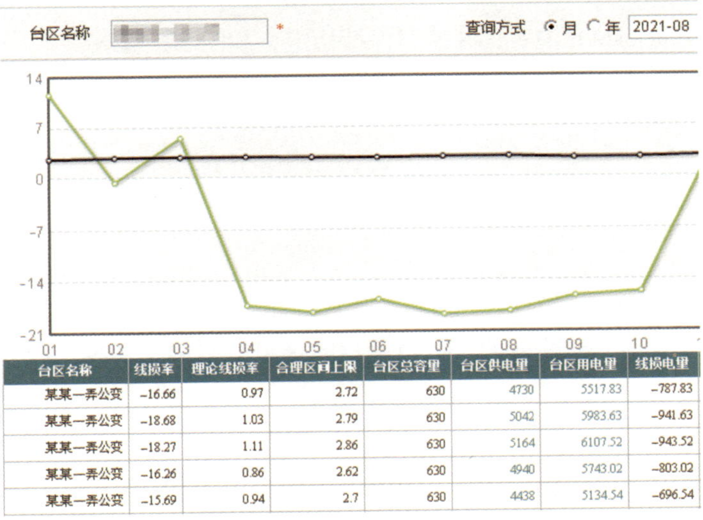

台区名称	线损率	理论线损率	合理区间上限	台区总容量	台区供电量	台区用电量	线损电量
某某一弄公变	-16.66	0.97	2.72	630	4730	5517.83	-787.83
某某一弄公变	-18.68	1.03	2.79	630	5042	5983.63	-941.63
某某一弄公变	-18.27	1.11	2.86	630	5164	6107.52	-943.52
某某一弄公变	-16.26	0.86	2.62	630	4940	5743.02	-803.02
某某一弄公变	-15.69	0.94	2.7	630	4438	5134.54	-696.54

图 3-2　某某一弄公用变压器的台区负线损率变化情况

综上初步研判，某某一弄公二变的大线损与某某一弄公用变压器的负线损具有高度关联，核查重点应放在 2 个相邻台区内用户的户变对应关系是否正确。

【现场核查】

工作人员携带台区识别仪和台区用户清单，前往现场核查。现场核查中发现，某某一弄公二变台区内 5 户中有 3 户实际由某某一弄公变供电，某某一弄公变台区内 112 户中有 1 户属于某某一弄公二变供电，台区切割时对应关系互相串错，现场确认 2 个台区存在多户户变对应关系错误。

综上所述，台区出现大线损的主要原因，是相邻 2 个台区在低压用户切割过程中，户变关系及系统信息维护错误造成。

🔺【整改措施】

（1）根据现场核查情况，以书面形式告知系统信息管理维护人员，将已确认户变关系错误的 4 户用户台区关系进行调整。

（2）台区户变关系调整完成后，9 月份的台区日线损率在 0.4% 左右，日均损失电量 6kWh 左右，并持续保持稳定，如图 3-3 所示。

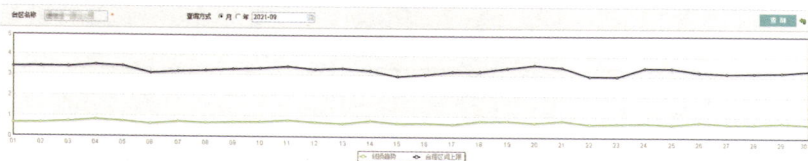

图 3-3　某某一弄公二变 9 月份台区线损率变化情况

同时，某某一弄公变的台区负线损问题也同步得到解决。9 月份的台区日线损率稳定在 1.6% 左右，如图 3-4 所示。

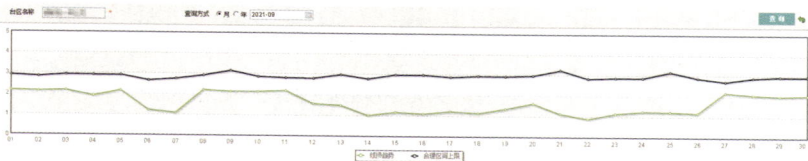

图 3-4　某某一弄公用变压器 9 月份台区线损率变化情况

🔺【小结和建议】

（1）当公用变压器出现重载时，供电企业为尽快解决用户侧用电需求，通常会采取增容布点的方式处理。对台区用户切割、转接等工作，必须严格规范工作流程，现场工作实施前，施工负责人应会同台区经理，摸清需要切割转接的用户清单，以便同步做好系统数据信息更新，确保营配数据信息贯通一致。

（2）加强事后监控，对实施切割调整的台区，台区经理应及时关注新老台区的线损率变化，发现异常，应立即组织核查确认，防止人为因素造成台区线损率持续异常波动。

（3）加强绩效考核，对施工、运行维护、抢修过程中，擅自变更户变对应关系，事前不告知或事后不补报的，纳入日常绩效考核，以增强营配协同意识。

案例2　新增公用变压器转接用户对应关系错误

▲【案例描述】

线损治理小组发现，某某景苑公三变2021年3月12日之前，台区线损率持续呈现较大负线损，台区最大日负线损 –14.21%，最大日负损电量 –100.56kWh，如图3-5所示。

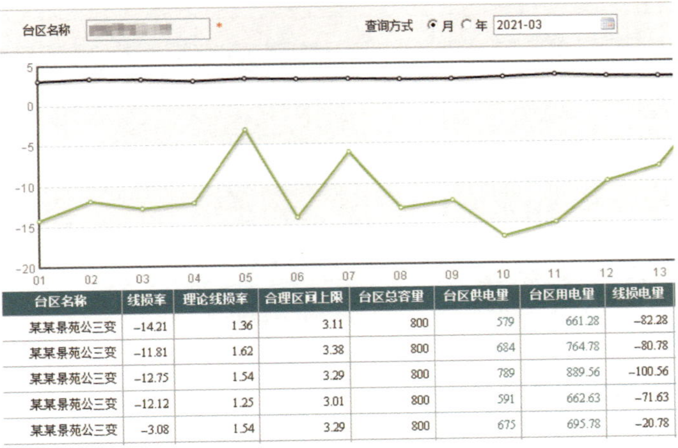

台区名称	查询方式 ⊙月 ○年 2021-03

台区名称	线损率	理论线损率	合理区间上限	台区总容量	台区供电量	台区用电量	线损电量
某某景苑公三变	–14.21	1.36	3.11	800	579	661.28	–82.28
某某景苑公三变	–11.81	1.62	3.38	800	684	764.78	–80.78
某某景苑公三变	–12.75	1.54	3.29	800	789	889.56	–100.56
某某景苑公三变	–12.12	1.25	3.01	800	591	662.63	–71.63
某某景苑公三变	–3.08	1.54	3.29	800	675	695.78	–20.78

图3-5　台区负线损率变化情况

▲【分析研判】

（1）台区供电方式采用纯电缆线路。从采集系统查看，发现2月1日至28日的台区线损 –16.93%～+21.16%，大幅波动，台区内用户数从2户增至15户。

（2）从采集系统中核查同一小区原有2台公用变压器信息，于2007年7月投入运行，某某景苑公三变2020年4月投入运行，为新增布点新台区。

（3）从系统中核查发现，某某景苑公二变的台区线损率持续稳定。而某某景苑公一变3月1日至12日的台区线损率在1.51%～5.21%之间波动，同一期间，某某景苑公三变与某某景苑公一变的台区线损率波动强关联，如图3-6所示。

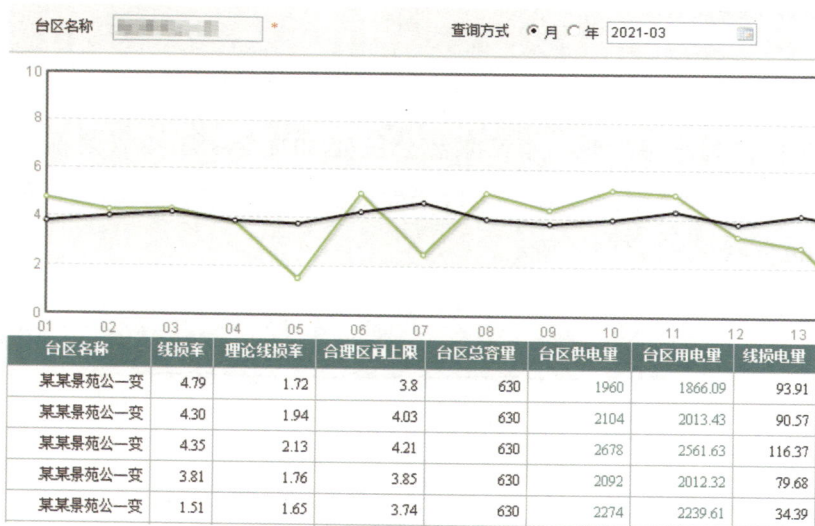

台区名称	线损率	理论线损率	合理区间上限	台区总容量	台区供电量	台区用电量	线损电量
某某景苑公一变	4.79	1.72	3.8	630	1960	1866.09	93.91
某某景苑公一变	4.30	1.94	4.03	630	2104	2013.43	90.57
某某景苑公一变	4.35	2.13	4.21	630	2678	2561.63	116.37
某某景苑公一变	3.81	1.76	3.85	630	2092	2012.32	79.68
某某景苑公一变	1.51	1.65	3.74	630	2274	2239.61	34.39

图 3-6   某某景苑公一变台区线损率变化情况

综上初步研判，某某景苑公三变台区负线损应重点核查相关2个台区用户户变对应关系是否正确。

【现场核查】

3月14日，工作人员携带相关两个台区低压用户清单，前往现场核查。使用多功能低压台区识别仪开展现场核查，发现新布点的某某景苑公三变低压出线电缆共3路出线，实际只供3户用电。系统档案中该台区的15户用户中，有12户实际在由某某景苑公一变供电。

综上所述，台区出现负线损的主要原因，是相邻2个台区在低压用户转接过程中，户变关系及系统信息维护错误造成。

【整改措施】

（1）根据现场核查的情况，以书面形式告知系统信息管理维护人员，将已确认的12户低压用户对应关系立即进行调整。

（2）调整完成后，3月15日开始某某景苑公三变的台区日线损率恢复至0.6%左右，并保持稳定，如图3-7所示。

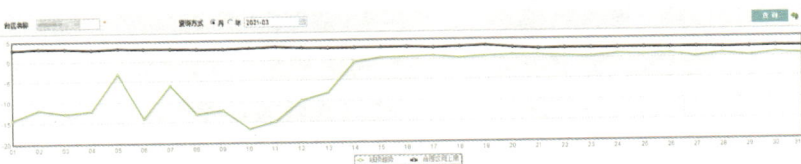

图3-7　某某景苑公三变治理后线损率变化情况

同时，某某景苑公一变的台区大线损问题也同步得到解决。台区日线损率恢复至0.3%左右，并持续保持稳定，如图3-8所示。

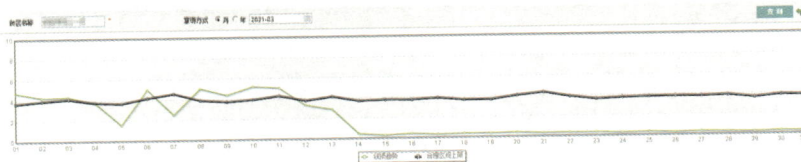

图3-8　某某景苑公一变治理后线损率变化情况

◀【小结和建议】

（1）应严格规范用户转接、台区用户批量切割等户变关系调整的工作程序，现场工作实施前，必须以书面形式告知营销系统信息管理维护人员，同步做好数据信息更新，确保营配数据信息贯通一致。

（2）加强事后监控，对区域内用户有调整、转接的公用变压器台区线损率，重点实施跟踪，发现线损率异常波动，应立即组织核查确认。

（3）强化绩效考核，对施工和运行维护人员，擅自变更用户对应关系，事前不告知或事后不补报的，纳入日常绩效考核，以增强营配协同意识。

案例 3 低压用户电源改接后户变对应系未同步调整

◀【案例描述】

线损治理小组发现，某某巷公二变 2021 年 6 月 19 日之前，持续呈现台区负线损异常状态，台区最低线损率 −17.88%，日线损电量为 −129.58kWh，如图 3-9 所示。

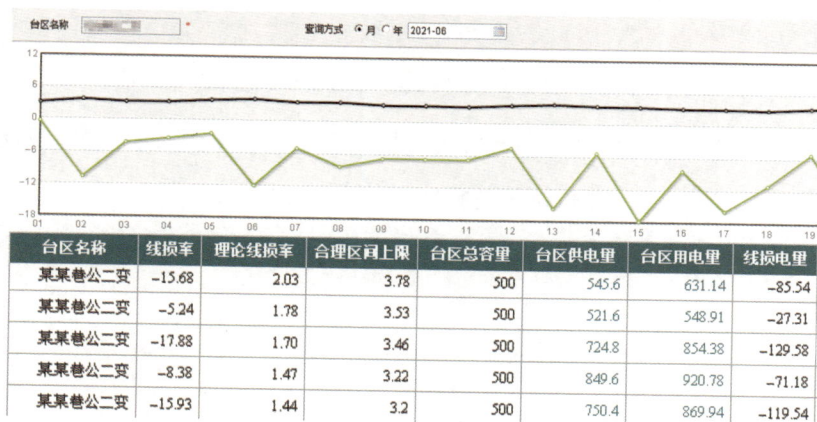

台区名称	线损率	理论线损率	合理区间上限	台区总容量	台区供电量	台区用电量	线损电量
某某巷公二变	−15.68	2.03	3.78	500	545.6	631.14	−85.54
某某巷公二变	−5.24	1.78	3.53	500	521.6	548.91	−27.31
某某巷公二变	−17.88	1.70	3.46	500	724.8	854.38	−129.58
某某巷公二变	−8.38	1.47	3.22	500	849.6	920.78	−71.18
某某巷公二变	−15.93	1.44	3.2	500	750.4	869.94	−119.54

图 3-9　台区 6 月 1 日至 19 日线损率变化情况

【分析研判】

（1）台区供电方式采用纯电缆线路。从采集系统查看，台区内共20户低压用户，无光伏上网用户，且采集覆盖率100%，采集成功率100%，核查公变终端电流、电压数据均正常，未发现影响线损计算因素。

（2）核对台区内20户低压用户清单，对比电能表的资产号未发现有用户更换电能表、业扩增容等用电信息变化情况。

（3）核查相邻台区，发现某某公用变压器台区线损率于6月2日开始呈现大线损，线损率在3.27%~7.71%之间波动。6月1日至19日期间，某某巷公二变与某某公用变压器的台区线损率波动变化呈现明显强关联，如图3-10所示。

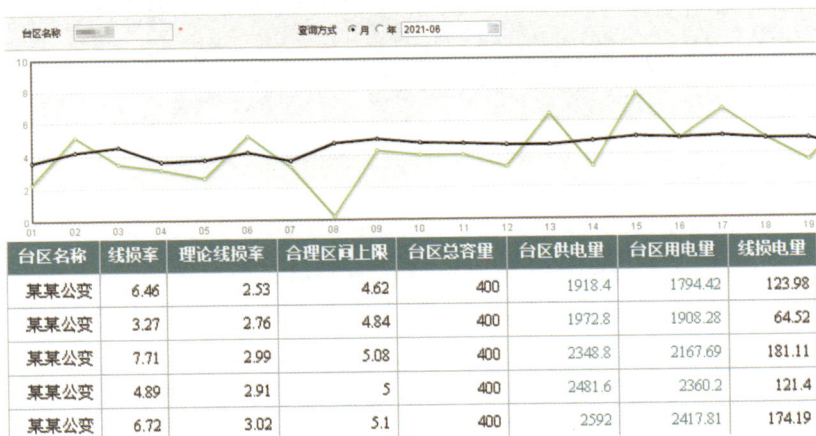

台区名称	线损率	理论线损率	合理区间上限	台区总容量	台区供电量	台区用电量	线损电量
某某公变	6.46	2.53	4.62	400	1918.4	1794.42	123.98
某某公变	3.27	2.76	4.84	400	1972.8	1908.28	64.52
某某公变	7.71	2.99	5.08	400	2348.8	2167.69	181.11
某某公变	4.89	2.91	5	400	2481.6	2360.2	121.4
某某公变	6.72	3.02	5.1	400	2592	2417.81	174.19

图3-10　该台区6月1日至19日的线损率变化情况

综上初步研判，该台区线损率异常应重点核查上述2个台区内户变对应关系是否正确。

◢【现场核查】

6月23日线损治理小组前往现场核查，发现某某巷公二变与相邻的某某公用变压器供电交界处正在进行市政建设施工，施工片区内的居民楼已基本拆除，只保留了部分仿古建筑，如图3-11所示。

图3-11　核查现场实景图

从图3-11中可以看出，原某某巷公二变台区内的4户低压用户在施工场地内。使用台区识别仪核查确认，施工场地内的4户低压用户已改接到某某公用变压器供电。

综上所述，台区出现负线损的主要原因，是相邻2个台区在低压用户电源改接过程中，未及时将相应用户电源关系维护正确，造成户变关系错误，导致2个台区线损率大幅波动。

◢【整改措施】

（1）根据现场核查的情况，以书面形式告知系统信息管理维护人员，将已确认户变关系发生变化的4户低压用户，在系统中调整到正确台区。

（2）调整完成后，6月25日起该台区日线损率在0.01%左右，并持续保持稳定，如图3-12所示。

图3-12　某某巷公二变治理前后线损率变化情况

同时，某某公用变压器的台区日线损率在2.3%左右，并持续保持稳定，如图3-13所示。

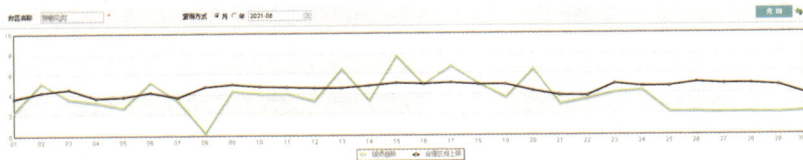

图3-13　某某公用变压器治理前后线损率变化情况

◢【小结和建议】

（1）应严格规范低压用户电源改接工作程序，现场工作实施前，必须先行核查转接涉及的用户，并将清单以书面形式告知营销系统信息管理维护人员，现场施工完成后，当天同步做好相关用户信息调整更新，确保现场与系统信息一致。

（2）加强事后监控，对区域内用户有调整、转接的公用变压器台区线损率，重点跟踪，发现线损率异常波动，立即组织核查确认。

（3）强化绩效考核，对施工和运行维护人员，擅自变更用户对应关系，事前不告知或事后不补报的，纳入日常绩效考核，以增强营配协同意识。

案例 4　低压用户增容施工与供电方案电源不一致导致户变关系错误

▶【案例描述】

线损治理小组发现，某某桥公二变 2021 年 10 月 18 日之前，台区线损率一直超合理区间上限，10 月 1 日至 18 日，台区最大日线损率达 15.89%，最大损失电量 117.46kWh，如图 3-14 所示。

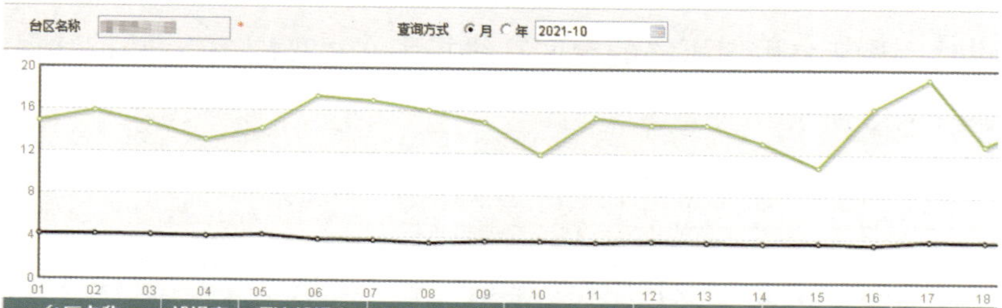

台区名称	线损率	理论线损率	合理区间上限	台区总容量	台区供电量	台区用电量	线损电量
某某桥公二变	14.92	2.14	4.23	400	741.6	630.93	110.67
某某桥公二变	15.89	2.16	4.24	400	739.2	621.74	117.46
某某桥公二变	14.72	2.09	4.17	400	726	619.11	106.89
某某桥公二变	13.25	2.00	4.09	400	655.2	568.36	86.84
某某桥公二变	14.28	2.14	4.23	400	686.4	588.36	98.04

图 3-14　某某桥公二变 10 月 1 日至 18 日的大线损率变化情况

▶【分析研判】

（1）台区供电方式采用架空线路。从采集系统查看，台区线损变化前后共 17 户低压用户，未出现变化。且采集覆盖率 100%，采集成功率 100%，未发现影响线损计算因素。

（2）从采集系统中核查相邻台区线损变化情况，发现某某桥村公用变压器的台区线损率 10 月 18 日之前出现负线损，台区最低线损率 –12.99%，日线损电量为 –93.54kWh。对比某某桥村公用变压器 10 月 1 日至 19 日线损率情况，发现与某某桥公二变台区线损率波动关联较强，不排除 2 个相邻台区内用户电能表的户变关系出现错误，如图 3-15 所示。

图 3-15　某某桥村公变 10 月 1 日至 18 日台区负线损率变化情况

台区名称	线损率	理论线损率	合理区间上限	台区总容量	台区供电量	台区用电量	线损电量
某某桥村	-12.69	1.69	3.58	400	666.12	750.68	-84.56
某某桥村	-12.99	1.72	3.61	400	719.94	813.48	-93.54
某某桥村	-11.79	1.70	3.59	400	698.43	780.77	-82.34
某某桥村	-9.29	1.50	3.39	400	720.9	787.86	-66.96
某某桥村	-10.94	1.50	3.39	400	690.04	765.55	-75.51

（3）台区内突然出现大线损，不排除有用户违约用电。

综上初步研判，治理某某桥公二变的台区大线损问题，重点应核查户变关系是否对应、违约用电等方面问题。

◢【现场核查】

（1）10 月 20 日工作人员携带台区用户清单，实施现场排查。当核查到自然村 88 号用户时，发现该用户电源引自某某桥村公用变压器，并非系统信息中的某某桥公二变，确认该户户变关系对应错误。

（2）经了解，该用户在 8 月 12 日曾实施业扩增容，将单相供电改为三相供电，施工人员在施工中为了表前进户线施工方便，未按照供电方案要求，擅自将 88 号用户电能表表前进户线改接到某某桥村公用变压器供电，人为造成户变关系对应错误，如图 3-16 和图 3-17 所示。

图 3-16　原某某桥公二变的台区内 88 号用户来电方向示图

图 3-17　施工人员将增容户电源改接到某某桥公用变压器的台区内供电

（3）核查其他用户，未发现违约用电情况。

◀【整改措施】

（1）根据现场核查的情况，以书面形式告知系统信息管理维护人员，将已确认信息错误的用户立即调整到某某桥村公用变压器，同时在系统档案中补充供电方案变更说明。

（2）调整完成后，10月21日起该台区线损率下降至2.5%左右，并持续保持稳定，如图3-18所示。

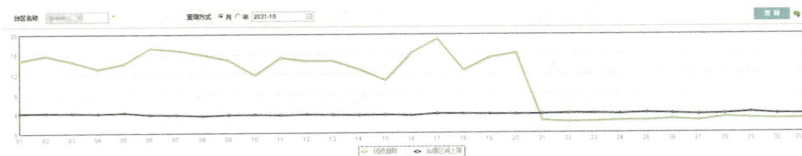

图 3-18　某某桥公二变治理前后线损率变化情况

同时，某某桥村公用变压器的台区负线损问题也同步得到解决，台区线损率恢复至1.2%左右，并持续保持稳定，如图3-19所示。

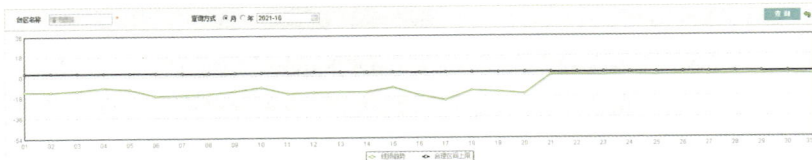

图 3-19　某某桥村公用变压器治理前后线损率变化情况

（3）对施工班组和人员擅自变更供电方案实施经济责任制考核。

◀【小结和建议】

（1）应严肃工作纪律，严格按供电方案组织施工，坚决杜绝施工人员擅自改变供电方案施工。

（2）强化绩效考核，对施工和运行维护人员，擅自变更供电电源，改变台区用户对应关系，事前不告知或事后不补报的，严格问责考核，强化规则意识，增强营配协同意识。

案例 5　低压双电源用户两只电能表错误对应同一个台区

◢【案例描述】

线损治理小组发现，某某苑公三变 2021 年 3 月之前，台区线损率长期处于合理区间上下波动，2021 年 3 月，共有 7 天出现超合理区间上限，台区最大日线损率 3.56%，最大日损失电量 41.74kWh，如图 3-20 所示。

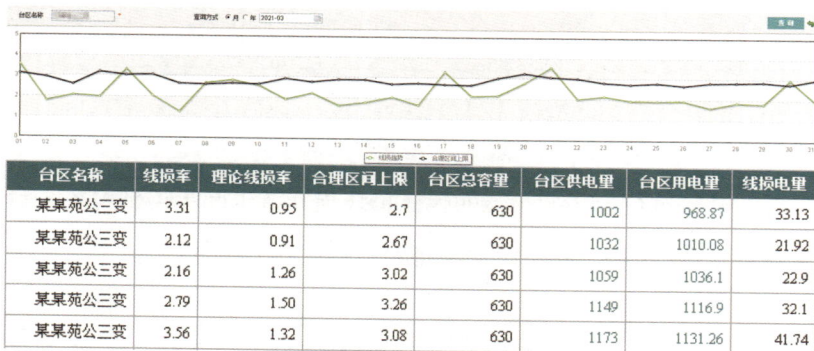

台区名称	线损率	理论线损率	合理区间上限	台区总容量	台区供电量	台区用电量	线损电量
某某苑公三变	3.31	0.95	2.7	630	1002	968.87	33.13
某某苑公三变	2.12	0.91	2.67	630	1032	1010.08	21.92
某某苑公三变	2.16	1.26	3.02	630	1059	1036.1	22.9
某某苑公三变	2.79	1.50	3.26	630	1149	1116.9	32.1
某某苑公三变	3.56	1.32	3.08	630	1173	1131.26	41.74

图 3-20　某某苑公三变 3 月份线损率变化情况

◢【分析研判】

（1）该台区供电方式采用纯电缆线路。从采集系统查看，台区内共 213 个低压用户，基本为居民用电，用户数量未出现变化，无光伏上网用户，采集覆盖率 100%，采集成功率 100%，未发现影响线损率计算因素。

（2）核查台区周边相邻台区的线损率变化情况，未发现有线损率明显异常的台区。

（3）比对分析台区内用户电能表用电量的变化情况，未发现电量数据异常用户。

（4）核查配置电流互感器用户电能表负荷数据，也未发现有数据异常。

（5）台区线损长期处于合理区间上下波动，无法追溯线损出现异常的具体时间。户变关系是否正确，需进一步核查。

（6）台区内不定期出现线损升高，不排除有用户违约用电。

综上初步研判，治理某某苑公三变的台区线损异常波动问题，重点应核查户变关系、违约用电等方面问题。

▲【现场核查】

（1）4月5日，工作人员携带台区识别仪实施现场核查。当核查到小区1号楼1单元的地下计量室时，发现某某苑公三变、公四变分别有一路低压电缆线路供小区住宅电梯用电，该小区电梯采用双电源供电方式，即1个户号2只电能表，如图3-21所示。

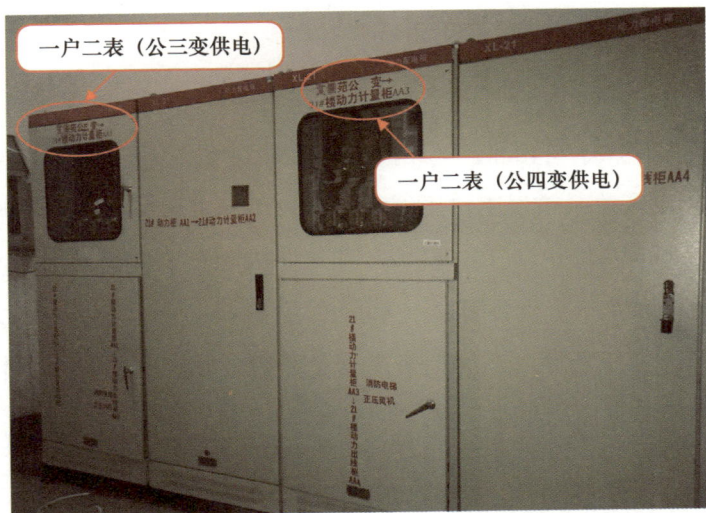

图3-21　1号楼1单元的地下计量室一户两表的安装实景图

（2）核查中发现某某苑公三变的台区用户电能表清单中，缺失1只资产号为0001000359××××的用户电能表，该用户电能表一直错误挂接在某某苑公四变的台区内。

（3）核查台区内其他重点嫌疑对象，未发现有用户违约用电行为。

◢【整改措施】

（1）根据现场核查的情况，以书面形式告知系统信息管理维护人员，将双电源用户的其中 1 只资产号 0001000359×××× 电能表电源关系从某某苑公四变调整到某某苑公三变。

（2）该用户户变对应关系调整完成后，4 月 7 日之后的台区日线损率下降至 0.8% 左右，并持续保持稳定，如图 3-22 所示。

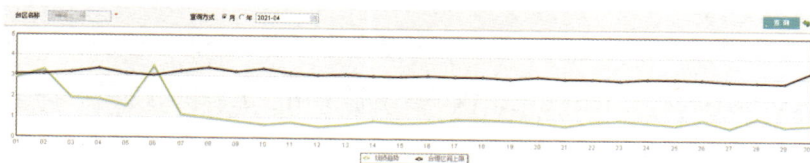

图 3-22　某某苑公三变治理前后台区线损率变化情况

◢【小结和建议】

（1）此案例属于与相邻台区线损率波动弱关联，主要是相关两个台区供电量较大，对应关系错误用户用电量相对较小，对台区线损率影响幅度较小，具有较大的隐蔽性。当发现台区线损率长期处于合理区间上下波动时，户变关系不一致是一个重要因素，应重点关注。

（2）日常业扩新装时，应严格规范台区双电源供电用户的新装工作程序，确保营配数据信息贯通一致。

案例 6　用户增容施工时电源误接相邻台区用户表后线导致重复计量

◢【案例描述】

线损治理小组发现，某某公二变自 2021 年 8 月 16 日开始，台区时常出现负线损。从 8 月数据可见，8 月中下旬共有 9 天出现负线损，台区最大日负线损率 –2.53%，最大日损失负电量 –37.26kWh，如图 3-23 所示。

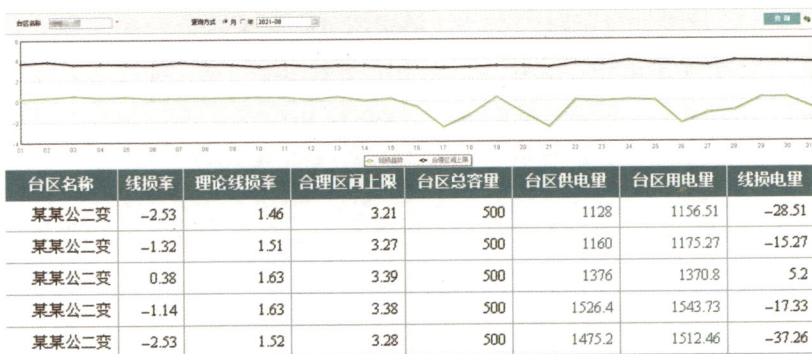

台区名称	线损率	理论线损率	合理区间上限	台区总容量	台区供电量	台区用电量	线损电量
某某公二变	-2.53	1.46	3.21	500	1128	1156.51	-28.51
某某公二变	-1.32	1.51	3.27	500	1160	1175.27	-15.27
某某公二变	0.38	1.63	3.39	500	1376	1370.8	5.2
某某公二变	-1.14	1.63	3.38	500	1526.4	1543.73	-17.33
某某公二变	-2.53	1.52	3.28	500	1475.2	1512.46	-37.26

图 3-23　某某公二变线损率变化情况

▲【分析研判】

（1）台区供电方式采用纯电缆线路，从采集系统查看，台区出现负线损前后共有低压用户 120 户，光伏发电上网用户 1 户，未出现变化，上网关口设置正确，采集覆盖率 100%，采集成功率 100%，未发现影响台区线损率计算的因素。

（2）比对近期台区用户电能表清单，未发现轮换电能表，近三个月内也无业扩新装、增容等情况。

（3）核查相邻台区的线损率变化情况，未发现有线损率异常的台区。

（4）核查公变终端数据情况，排除错误接线少计供电量的可能性。

（5）台区时常出现负线损，户变关系是否正确，需重点核查。

（6）台区时常出现负线损，不排除用户计量装置重复计量问题，需重点核查。

综上初步研判，治理某某公二变的台区间隙性负线损问题，重点需核查台区内户变关系、计量装置重复计量等方面问题。

▲【现场核查】

（1）按照台区内用户电能表清单及分析问题清单，组织现场核查。当核查到小区 15 号楼计量室时，发现计量室内分别有某某公一变、公二变、公五变等多路电源配电柜。某某公二变主供住宅用户，公一变、公五变主供公共照明、电梯等用户。核查中发现，一户居民用户半年前办理过业扩增容，施工人员在安装施工时，将表前电缆线搭接到某某公一变的物业公司计量装置表后分接箱内，造成某某公一变供电的物业公司计量装置重复计量。物业公司表后分接箱与计量箱实景图如图 3-24、图 3-25 所示。

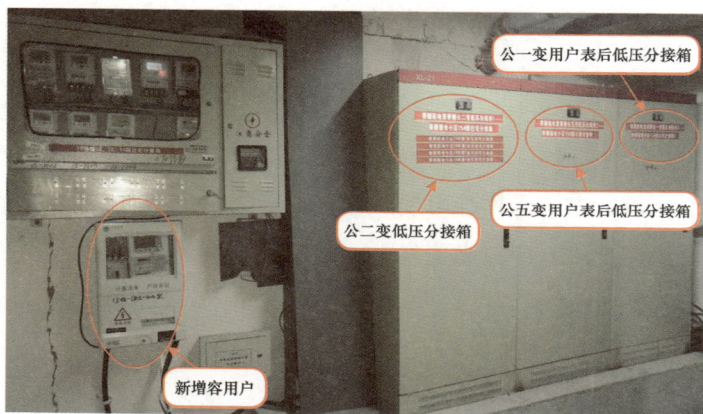

图 3-24　业扩增容用户计量箱与物业公司表后分接箱实景图

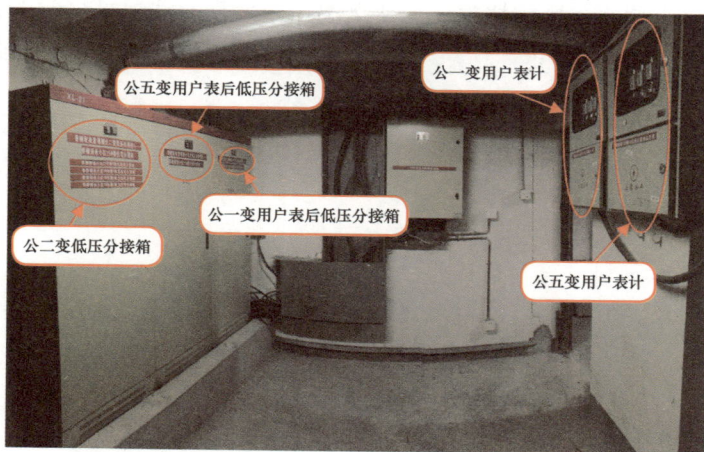

图 3-25　物业公司表后分接箱与物业公司计量箱实景图

（2）据了解，该用户 2021 年 2 月办理增容，8 月 16 日之前基本未用电，增加了上述系统分析排查的难度。

综上所述，某某公二变的台区出现负线损的主要原因，是户变关系错误和重复计量问题同时存在，增加了排查工作难度。关键原因是施工人员未严格按照供电方案组织施工，增容用户改变原有供电台区，同时错接电源接入点造成重复计量。

◢【整改措施】

（1）根据现场核查情况，第一时间告知运维人员，将上述用户表前电缆线按照供电方案改接调整到某某公二变低压分接箱上供电，与系统信息保持一致。

（2）第一时间联系小区物业公司办理电费退补手续。

（3）调整完成后，9 月下旬某某公二变的台区日均线损率在 0.5% 左右，并持续保持稳定，如图 3-26 所示。

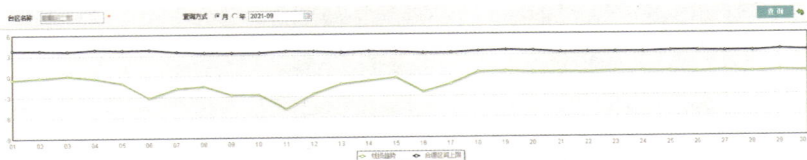

图 3-26　某某公二变治理前后线损变化情况

◢【小结和建议】

（1）从此案例可见，在相对集中的多台公用变压器供电的区域，增容或新装业务实施中，安装施工人员必须严格按照供电方案组织施工，施工前必须认真核对户变关系是否正确。

（2）电源点应从有明显标识的公用分接箱中接入，避免随意搭接造成从其他用户表后误接。

案例 7 用户增容电源改接相邻台区但供电方案电源仍为原台区导致户变关系错误

◢【案例描述】

线损治理小组发现，某某沿公一变自 2021 年 6 月 17 日开始，台区线损率一直超出合理区间上限，从 6 月数据可见，台区最大日线损率达 36.44%，最大日损失电量达 820.52kWh，如图 3-27 所示。

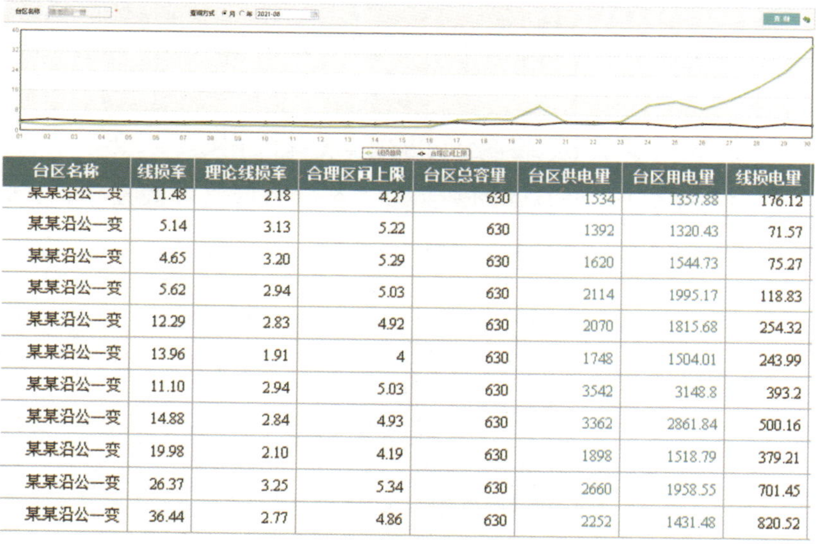

台区名称	线损率	理论线损率	合理区间上限	台区总容量	台区供电量	台区用电量	线损电量
某某沿公一变	11.48	2.18	4.27	630	1534	1357.88	176.12
某某沿公一变	5.14	3.13	5.22	630	1392	1320.43	71.57
某某沿公一变	4.65	3.20	5.29	630	1620	1544.73	75.27
某某沿公一变	5.62	2.94	5.03	630	2114	1995.17	118.83
某某沿公一变	12.29	2.83	4.92	630	2070	1815.68	254.32
某某沿公一变	13.96	1.91	4	630	1748	1504.01	243.99
某某沿公一变	11.10	2.94	5.03	630	3542	3148.8	393.2
某某沿公一变	14.88	2.84	4.93	630	3362	2861.84	500.16
某某沿公一变	19.98	2.10	4.19	630	1898	1518.79	379.21
某某沿公一变	26.37	3.25	5.34	630	2660	1958.55	701.45
某某沿公一变	36.44	2.77	4.86	630	2252	1431.48	820.52

图 3-27　某某沿公一变 2021 年 6 月线损率变化情况

◢【分析研判】

（1）该台区供电方式采用纯电缆线路，从采集系统查看，台区内 280 个低压用户，近期未出现变化，无光伏发电上网，采集覆盖率 100%，采集成功率 100%，未发现影响线损计算的因素。

（2）核查台区周边相邻台区的线损变化情况，发现同时段内某某景苑公一变出现台区负线损，与某某沿公一变的台区线损率波动变化高度关联，如图 3-28 所示。

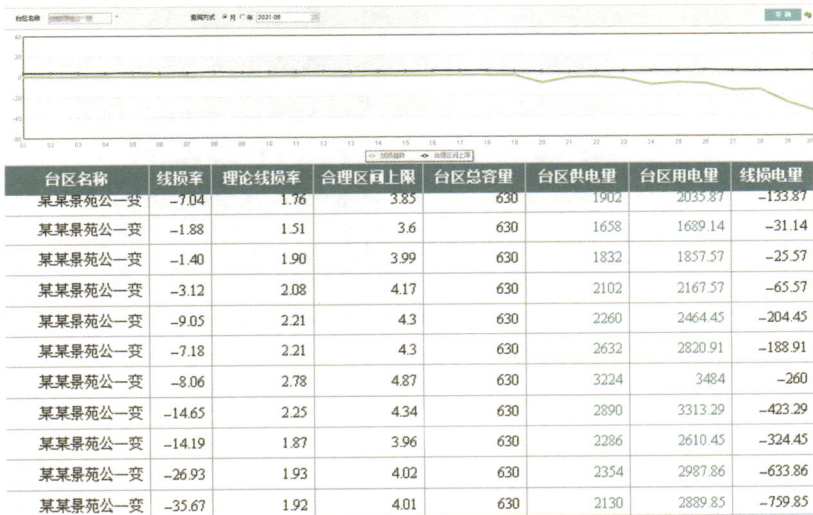

台区名称	线损率	理论线损率	合理区间上限	台区总容量	台区供电量	台区用电量	线损电量
某某景苑公一变	-7.04	1.76	3.85	630	1902	2035.87	-133.87
某某景苑公一变	-1.88	1.51	3.6	630	1658	1689.14	-31.14
某某景苑公一变	-1.40	1.90	3.99	630	1832	1857.57	-25.57
某某景苑公一变	-3.12	2.08	4.17	630	2102	2167.57	-65.57
某某景苑公一变	-9.05	2.21	4.3	630	2260	2464.45	-204.45
某某景苑公一变	-7.18	2.21	4.3	630	2632	2820.91	-188.91
某某景苑公一变	-8.06	2.78	4.87	630	3224	3484	-260
某某景苑公一变	-14.65	2.25	4.34	630	2890	3313.29	-423.29
某某景苑公一变	-14.19	1.87	3.96	630	2286	2610.45	-324.45
某某景苑公一变	-26.93	1.93	4.02	630	2354	2987.86	-633.86
某某景苑公一变	-35.67	1.92	4.01	630	2130	2889.85	-759.85

图 3-28　某某景苑公一变 6 月份出现台区负线损

综上初步研判，某某沿公一变的台区大线损问题，与某某景苑公一变的台区负线损问题具有明显相关性，重点应现场核查上述 2 个台区的户变对应关系是否正确。

▲【现场核查】
携带上述两个台区内用户电能表清单和仪器设备，前往现场核查。在某某沿公一变现场检查低压出线柜时发现，有 2 路低压电缆出线上挂有"户号"字样的电缆标识牌，而该台区用户清单中并没有找到这两个"户号"的用户，如图 3-29 所示。

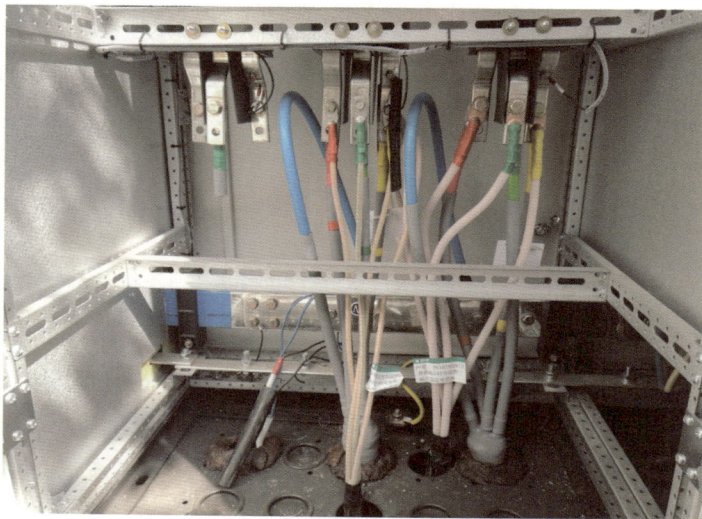

图 3-29 发现 2 路低压电缆出线上挂有"户号"字样的电缆命名牌实景图

继续巡视核查相邻台区某某景苑公一变，发现县西街 141 幢东北角墙上有 2 只新装表箱，使用低压台区识别仪核查确认，该 2 只新装表箱电源接自某某沿公一变，如图 3-30 所示。

图 3-30 发现 2 只新装用户表箱实景图

进一步核查发现，上述 2 只新增表箱为单相用户增容后安装，原用户电能表安装于商铺后面，属于某某景苑公一变供电，现已拆除原电能表，如图 3-31 所示。

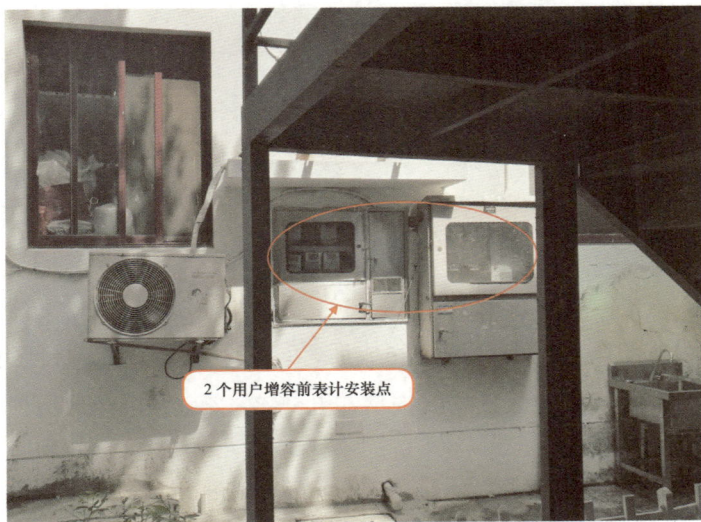

图 3-31　原某某景苑公一变供电的 2 只电能表安装位置实景图

经调查确认，该区域由两台公用变压器供电，在办理业扩增容时，工作人员确定供电方案未能仔细核对确认电源的台区关系，仅凭相邻用户的台区关系主观判断，造成实际户变关系错误。

综上所述，造成某某沿公一变的台区突然出现大线损的主要原因，是相邻台区单相用户增容后，电源改接到本台区，但供电方案信息中仍按原台区建档，造成现场与系统中户变关系不一致，同时引起两个台区大线损和负线损问题。

◀【整改措施】

（1）根据现场核查的情况，以书面形式告知系统信息管理维护人员，将已确认的 2 个低压用户所对应的台区关系立即进行系统内信息调整。

（2）调整完成后，7 月 2 日之后的台区日均线损率在 2.4% 左右，并持续保持稳定，如图 3-32 所示。

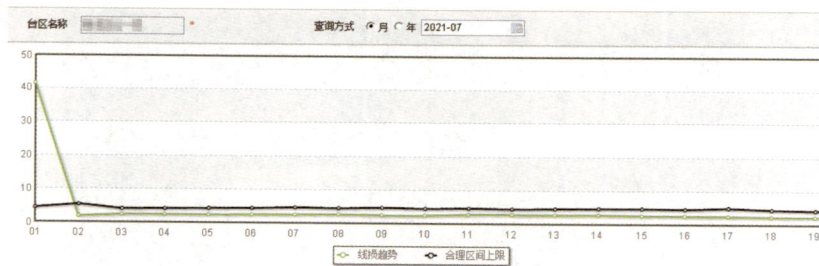

图 3-32 某某沿公一变治理后线损率变化情况

同时，上述用户电能表调整完成后，某某景苑公一变的台区负线损问题同步得到了解决。台区日均线损率在 0.5% 左右，并持续保持稳定，如图 3-33 所示。

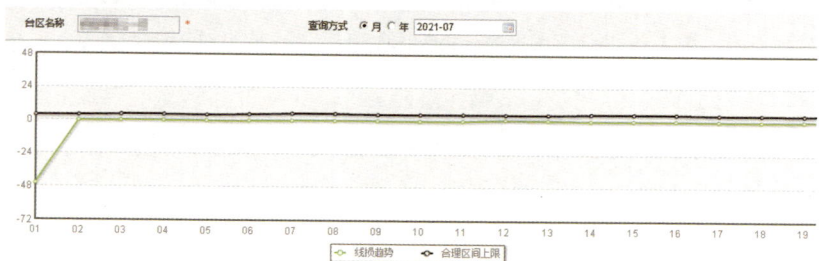

图 3-33 某某景苑公一变治理后线损率变化情况

【小结和建议】

针对用户增容需改接电源点的，在现场查勘制定供电方案时，务必对电源所属台区关系认真核实确认，避免简单参照相邻用户台区对应关系来判定。

案例 8　户变关系错误与违约用电并存

【案例描述】

线损治理小组发现，某某小区公一变线损率波动明显，2021 年 12 月 1 日至 12 日，台区线损率有 3 天超合理区间上限。查看前两月数据，10 月份 7 天、11 月份 6 天超出合理区间上限。从 12 月 1 日至 12 日数据可见，台区最大日线损率在 6.88%，最大日损失电量达 111.87kWh，如图 3-34 所示。

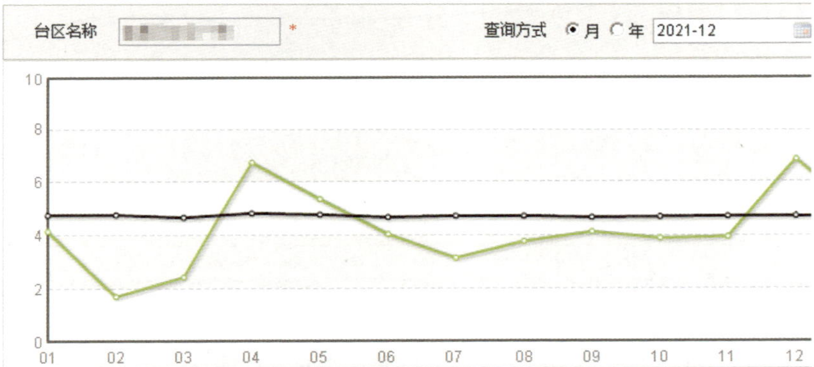

台区名称	线损率	理论线损率	合理区间上限	台区总容量	台区供电量	台区用电量	线损电量
某某小区公一变	4.16	2.61	4.75	500	1617.6	1550.25	67.35
某某小区公一变	1.69	2.61	4.76	500	1726.4	1697.14	29.26
某某小区公一变	2.44	2.52	4.66	500	1651.2	1610.83	40.37
某某小区公一变	6.77	2.68	4.82	500	1652.8	1540.93	111.87
某某小区公一变	5.36	2.63	4.77	500	1702.4	1611.2	91.2

图 3-34　某某小区公一变 12 月 1 日至 12 日线损率变化情况

【分析研判】

（1）该台区供电方式采用纯电缆线路，从采集系统查看，台区内共 434 户低压用户，无光伏发电上网户，采集覆盖率 100%，线损异常日采集成功率 100%，存在其他日期零星采集失败，但估算电量较小，未发现明显影响台区线损计算的因素。

（2）核对台区内电能表清单，比对电能表的资产号，未发现近期有更换电能表、业扩增容等情况。

（3）核查周边相邻 3 个台区的线损变化情况，发现某某村公用变压器的同时段台区线损率多次出现负线损，从该台区 12 月 1 日至 12 日线损数据和线损率曲线可见，与某某小区公一变台区线损率波动有较强的关联。即台区户变关系是否正确，需重点核查，如图 3-35 所示。

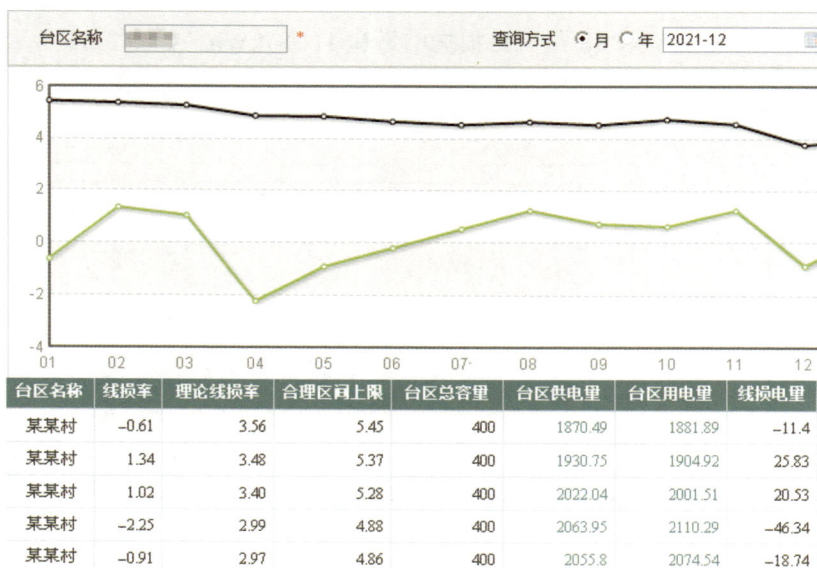

台区名称	线损率	理论线损率	合理区间上限	台区总容量	台区供电量	台区用电量	线损电量
某某村	−0.61	3.56	5.45	400	1870.49	1881.89	−11.4
某某村	1.34	3.48	5.37	400	1930.75	1904.92	25.83
某某村	1.02	3.40	5.28	400	2022.04	2001.51	20.53
某某村	−2.25	2.99	4.88	400	2063.95	2110.29	−46.34
某某村	−0.91	2.97	4.86	400	2055.8	2074.54	−18.74

图 3-35 某某村公用变压器的台区 12 月 1 日至 12 出现负线损率变化情况

（4）台区线损率总体仍偏高，不排除有用户违约用电问题。

（5）综上初步研判，治理某某小区公一变的台区线损率频繁出现超合理区间上限问题，需结合某某村公用变压器的台区线损率多次出现负线损问题一并核查。重点应核查上述 2 个台区的户变关系是否正确和违约用电等方面。

【现场核查】

（1）12月15日，线损治理小组人员赴现场核查，发现多户集中表箱内有表前私拉乱接线，擅自安装空气开关接线绕越计量装置违约用电行为。经进一步核查确认，多户集中表箱内左边第2只开关为用户违约私装，采用同相位分流的方式实施违约用电，如图3-36所示。

图 3-36　左边第二只为用户私自加装（颜色较新）
的空气开关

（2）在台区核查过程中，通过画线路草图方式，核对各路电缆线路时发现，某某小区公一变3号低压分接箱内的第3只空气开关上有标注"17-3开关"字样，但所携带的台区用户电能表清单中却只有"17-1开关、17-2开关"地址信息的用户，并没有"17-3开关"地址信息的用户清单，如图3-37所示。

图 3-37　3 号分接箱左边第 3 只空气开关上标注
"17-3 开关"字样

使用低压台区识别仪，确认"17-3 开关"的住宅、充电桩等 2 户低压用户是由某某小区公一变供电，不属于某某村公用变压器供电。

综上所述，造成台区线损率多次超合理区间上限的主要原因，一是户变关系对应错误引起，二是用户违约用电行为引起。

◢【整改措施】

（1）线损治理小组查明违约用电线路走向，确认违约用电用户。

（2）对查明违约用电的用户，告知用户该行为属于违约用电行为，并会同客户经理当场出具"违约用电现场处理单"，由用户签字确认。

（3）以书面形式告知系统信息管理维护人员，将已确认的 2 个低压用户对应关系调整至正确台区。

（4）上述问题处理后，2021 年 12 月 17 日开始某某小区公一变台区日线损率下降至 1.5% 左右，并持续保持稳定，如图 3-38 所示。

图 3-38　某某小区公一变治理前后台区线损率变化情况

同时，上述用户户变关系调整完成后，某某村公用变压器的台区负线损问题同步得到解决。台区日线损率在 2.0% 左右，并保持稳定，如图 3-39 所示。

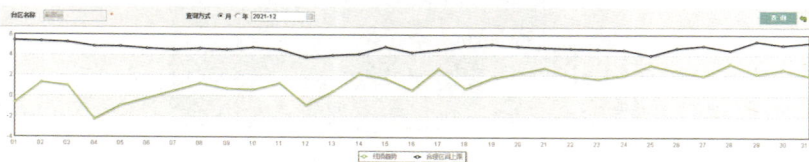

图 3-39　某某村公用变压器治理前后台区线损率变化情况

▲【小结和建议】

（1）户变关系对应一致是台区线损正确计算的根本基础，当出现线损率明显波动时，可同时对相邻台区线损率和线损电量变化情况进行比对分析，研判是否存在关联性。

（2）加强日常监控，对区域内发现台区线损率异常波动，应跟踪分析、研判，并及时组织现场核查确认。

（3）台区线损率异常可能同时存在多种因素影响，应全面分析研判，同步核查。

案例 9　故障抢修错误接线导致现场户变关系改变

▲【案例描述】

线损治理小组发现，某台区自 2021 年 4 月初以来线损率持续偏高，明显超出合理区间范围。核查 4 月 1 日至 12 日数据可见，台区最大日线损率 6.44%，最大日损失电量达 120.12kWh，日线损电量比正常时高出 70kWh 左右，此前台区线损率基本稳定在 2.4% 左右，如图 3-40 所示。

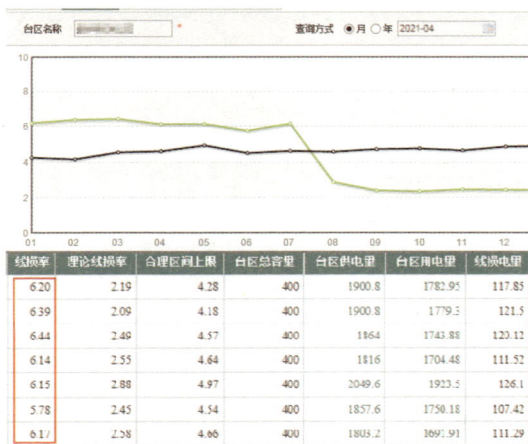

线损率	理论线损率	合理区间上限	台区总容量	台区供电量	台区用电量	线损电量
6.20	2.19	4.28	400	1900.8	1782.95	117.85
6.39	2.09	4.18	400	1900.8	1779.3	121.5
6.44	2.49	4.57	400	1864	1743.88	120.12
6.14	2.55	4.64	400	1816	1704.48	111.52
6.15	2.88	4.97	400	2049.6	1923.5	126.1
5.78	2.45	4.54	400	1857.6	1750.18	107.42
6.17	2.58	4.66	400	1803.2	1691.91	111.29

图 3-40　某台区 2021 年 4 月上旬线损变化情况

◢【分析研判】

（1）该台区采用纯电缆线路供电方式，从用电信息采集系统查看，台区内共有低压用户 302 户，用户数较多，无光伏发电上网，线损异常变化前后总用户数未发生变动，采集覆盖率 100%，采集成功率为 100%，未发现影响线损计算的情况，经了解近期以来也未曾实施用户电源转接工作。

（2）通过用电信息采集系统比对分析周边相邻台区，却发现相邻某台区线损呈现负损状态，且负损开始时间和该台区高损时间一致，两个台区高损和负损有很强关联，户变对应关系错误引起的概率很大，可初步排除违约用电、漏电可能性，如图 3-41 所示。

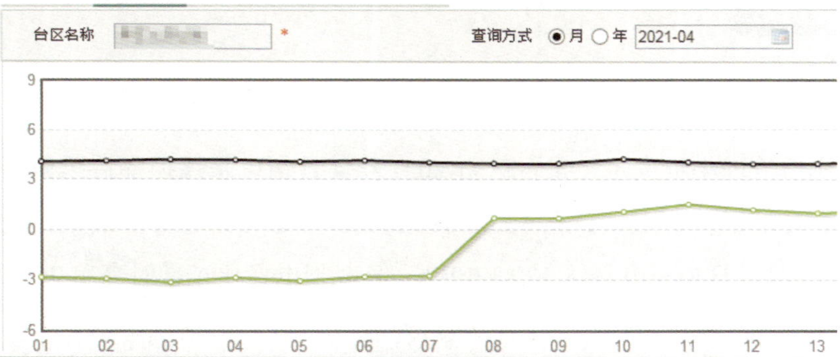

线损率	理论线损率	合理区间上限	台区总容量	台区供电量	台区用电量	线损电量
-2.83	2.09	4.07	500	1961.6	2017.13	-55.53
-2.93	2.12	4.11	500	1896	1951.58	-55.58
-3.13	2.22	4.21	500	1755.2	1810.08	-54.88
-2.85	2.20	4.18	500	1705.6	1754.15	-48.55
-3.05	2.10	4.08	500	1745.6	1798.84	-53.24
-2.79	2.19	4.17	500	1878.4	1930.74	-52.34
-2.74	2.07	4.05	500	1849.6	1900.3	-50.7
0.70	2.02	4	500	2006.4	1992.28	14.12

图 3-41　相邻台区 4 月上旬线损变化情况

（3）线损治理人员从配电抢修微信群里获悉，相邻某台区有一户三相用户有抢修工单，大致内容为某旅馆用电用户，反映家里有一相电源缺相，部分电器无法使用，服务工单接单时间为 3 月 31 日，与线损异常开始时间相吻合。

综合初步研判，故障抢修引起台区线损异常的概率很大，需进一步现场核查确认。

【现场核查】

（1）工作人员实施现场核查，打开此前故障报修的相邻台区三相用户表箱（位于图 3-42 右侧），打开电能表接线盖检查，仔细核查接线，发现电能表 B 相（绿色线）电源，并非引自原台区，而是引自相邻台区的 B 相（如图 3-43 所示），相当于该电能表的 B 相电量由高损台区供电，但电量却统计在相邻台区，导致两个台区线损率一个升高，一个下降。

图 3-42　现场两个台区电源分布情况图

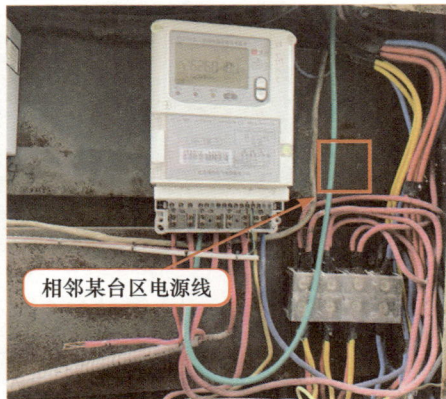

图 3-43　绿色线为借用高损台区的电源线

（2）经与当事抢修人员核实，该组抢修人员前几个月调整服务范围，对该区域现场不够熟悉，夜晚现场抢修更换导线时，误将仅隔一条小弄堂的其他台区同相电源接入至故障用户表箱，导致两个台区线损率变化异常。

◢【整改措施】

（1）查明原因后，线损治理小组人员当即要求抢修工作人员，立即安排整改。

（2）现场整改完成后，在两侧计量箱外壳重新张贴正确的电源台区名称等信息，防止再次发生类似差错。

（3）调整正确电源台区后，高损台区线损率从 6% 以上降至 2.4% 左右，相邻台区线损率从 –2.93% 恢复至 1% 左右，并保持稳定，如图 3-44 所示。

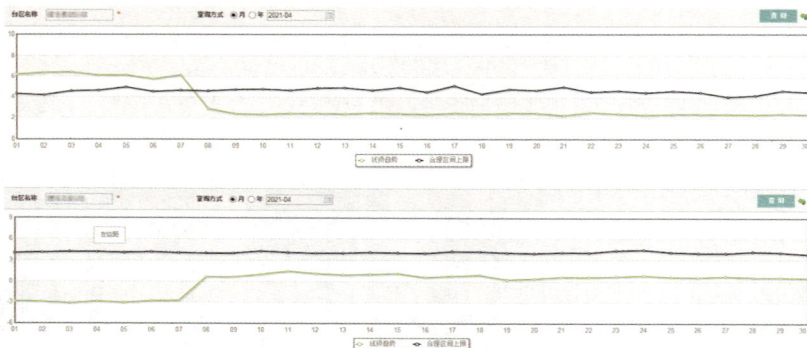

图 3-44　两个台区整改前后线损率曲线变化图

◢【小结和建议】

（1）该起台区线损异常产生的原因较为少见，抢修工作人员的失误是根本原因。因工作人员不熟悉现场实际情况，在不确定用户正确电源台区的情况下盲目接线，存在较大安全隐患。现场抢修人员应由熟悉现场情况的作业人员担任。

（2）本次台区线损异常排查治理过程，充分体现了加强台区线损日常管控的重要性。

案例 10　应急备用设备用户户变关系错误导致突发高线损

◢【案例描述】

2022 年 7 月中旬线损治理小组发现，某台区从 7 月 6 日开始线损率突然增大，由原来一直较为稳定的 2.3% 左右突增至 10% 以上，最高时达到 21.18%，线损电量在 450～920kWh 之间大幅波动，如图 3-45 所示。

图 3-45　某台区 2022 年 7 月中旬线损率曲线图

◢【分析研判】

（1）该台区为封闭式小区供电台区，投运多年，台区用户数量 264 户，无光伏发电上网。该小区内共有 10 个台区，规模相对较大。查看采集系统数据，近一年来未发生变动，且采集覆盖率 100%，采集成功率 100%，未发现明显影响台区线损计算的因素。

（2）从营销系统和采集系统核对台区内流程和电能表清单，未发现近期有更换电能表、业扩增容等情况。

（3）由于线损电量大幅度上下波动，基本排除漏电的可能性。

（4）核查小区内其他台区的线损变化情况，发现相邻的二号台区同时段台区线损率多次出现负线损，高低变化幅度与本台区非常一致，线损率曲线呈现反向强关联，如图 3-46 所示。

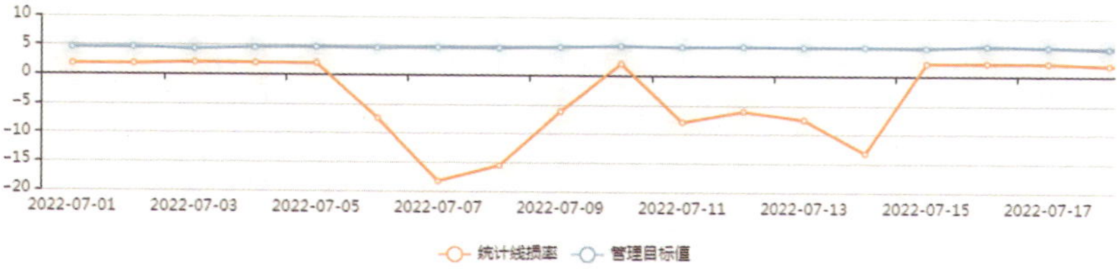

图 3-46 相邻台区 2022 年 7 月中旬线损率曲线图

（5）从采集系统导出不同日期的用户用电量清单，比对两个台区线损率正常和异常日期的用户电量变化情况，发现相邻台区中某物业公司户名的用户，此前一直为零电量，近期突然电量大增，且与线损电量的变化量相吻合，初步判断该户可能存在户变关系错误，需现场核查确认。

▲【现场核查】

（1）根据分析研判，7 月 14 日工作人员前往现场核查，经向物业公司了解，该用户实际用电设备为一台水泵，主要是用于应急排水，日常除运维保养时需短时间试车，较长时间未曾正式使用。

（2）工作人员使用台区识别仪，对该户计量装置电源归属现场核查，确认该户实际电源引自相邻的二号台区，此前户变关系信息错误。

▲【整改措施】

（1）按照现场核查确认的结果，当天在该户表箱上完成台区电源信息修改标注。

（2）当天在系统中修改完善正确的户变关系信息。

（3）7 月 15 日起，涉及的两个台区线损率均恢复正常，并保持稳定，如图 3-47 所示。

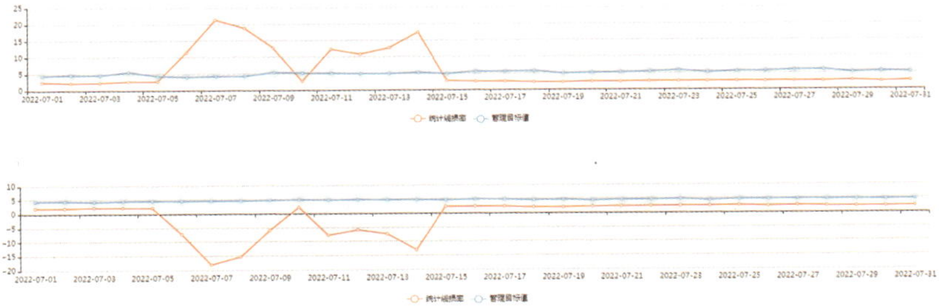

图 3-47　关联的两个台区 2022 年 7 月线损率曲线图

◢【小结和建议】

（1）该案例中户变关系错误问题具有较大的隐蔽性，该处备用设备启用概率较小，上年度仅间隙性一两天维护期启用后即停用，引起台区线损一两天突变后自动消失，容易误判为采集数据异常所致。

（2）此次使用时间相对较长，但在线损治理小组现场核查的第二天就停用了，如未对台区线损异常加强监控，及时分析研判，现场核查确认，该问题将继续隐蔽存在。所以对突发高线损应快速分析并查明原因，消除隐患。

案例 11　新装用户供电方案台区信息错误导致户变关系错误

◢【案例描述】

2022 年 5 月底线损治理小组发现，某台区自 5 月 9 日开始线损率出现明显上升趋势，且波动幅度较大，5 月 29 日最高时线损率达到 8.63%，而上旬以前该台区线损率一直稳定在 2.3% 左右，如图 3-48 所示。

台区容量	台区供电量	台区用电量	线损电量	线损率	理论线损率
400	1035.49	953.59	81.90	7.91	3.12
400	1011.57	924.28	87.29	8.63	3.00
400	933.33	900.96	32.37	3.47	3.15
400	860.10	828.92	31.18	3.63	3.02
400	889.97	856.93	33.04	3.71	3.37
400	892.05	859.68	32.37	3.63	3.13
400	881.28	845.42	35.86	4.07	3.01
400	982.60	953.31	29.29	2.98	3.02

图 3-48　该台区 2022 年 5 月 9 日起线损率明显升高

【分析研判】

（1）该台区为农村供电台区，共有低压用户 177 户，光伏发电上网 4 户，发电容量较小，核查上网关口设置无异常。查看采集系统数据，台区采集覆盖率 100%，采集成功率 100%，未发现影响线损率计算情况。

（2）因台区线损率波动较大，基本排除漏电的可能性。

（3）核查本村相邻台区线损率情况，发现相邻某台区 5 月 9 日起线损率呈现下降趋势，5 月下旬甚至出现负线损情况，如图 3-49 所示。

（4）导出该负线损台区用户清单，发现其中有一户 2022 年 4 月 12 日新装用户，继续核查该户用电量情况，发现该户 5 月 9 日前基本未用电，5 月 10 日起，用电量逐渐增大，与台区线损率下降关联较强，疑似户变关系对应错误，需现场核查确认。

台区容量	台区供电量	台区用电量	线损电量	线损率	理论线损率
400	1149.26	1150.09	-0.83	-0.07	2.34
400	1084.04	1089.23	-5.19	-0.48	2.36
400	1021.27	1021.55	-0.28	-0.03	2.52
400	1076.19	1032.16	44.03	4.09	2.38
400	969.60	998.19	-28.59	-2.95	2.74
400	985.41	975.35	10.06	1.02	2.55

图 3-49　相邻台区 2022 年 5 月 9 日起出现负线损

【现场核查】

（1）5 月 31 日，工作人员前往现场核查，确认该户现场实际供电台区与采集系统线损率计算台区信息不一致。

（2）进一步核查流程信息，发现该户供电方案制订环节发生错误，供电台区信息错选相邻台区，导致立户通电后户变关系错误，引起两个关联台区线损率异常变化。

【整改措施】

（1）查明原因后，工作人员及时在系统中修改完善相关信息，恢复正确户变关系。

（2）6 月 1 日起，该台区线损率恢复正常，线损率持续稳定在 2.3% 左右。

【小结和建议】

该案例较为典型也较常发生，工作人员现场查勘不细致，信息核对确认不到位，新装用户供电方案台区信息选择错误，虽然不影响用户正常用电，但对台区线损治理和后期供电服务造成较大隐患，应引起高度重视，对失责行为应加强考核，避免类似问题重复发生。

第二节 流程信息错误类案例

案例 1 计量点上网关口错选成发电关口导致台区供电量少计

◢【案例描述】

2020 年 8 月下旬线损治理小组发现，某台区 2020 年 8 月 10 日起出现持续负线损，且波动较大，但此前线损率一直正常且较为稳定，如图 3-50 所示。

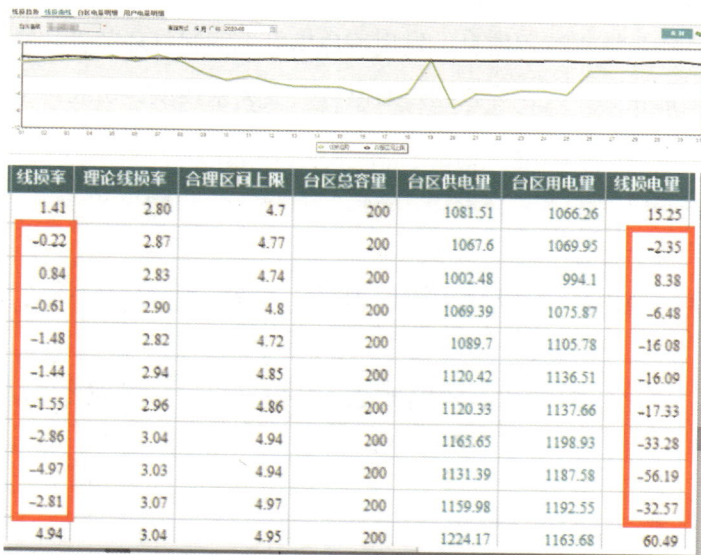

线损率	理论线损率	合理区间上限	台区总容量	台区供电量	台区用电量	线损电量
1.41	2.80	4.7	200	1081.51	1066.26	15.25
-0.22	2.87	4.77	200	1067.6	1069.95	-2.35
0.84	2.83	4.74	200	1002.48	994.1	8.38
-0.61	2.90	4.8	200	1069.39	1075.87	-6.48
-1.48	2.82	4.72	200	1089.7	1105.78	-16.08
-1.44	2.94	4.85	200	1120.42	1136.51	-16.09
-1.55	2.96	4.86	200	1120.33	1137.66	-17.33
-2.86	3.04	4.94	200	1165.65	1198.93	-33.28
-4.97	3.03	4.94	200	1131.39	1187.58	-56.19
-2.81	3.07	4.97	200	1159.98	1192.55	-32.57
4.94	3.04	4.95	200	1224.17	1163.68	60.49

图 3-50 该台区 2020 年 8 月 10 日起开始出现负线损

◢【分析研判】

（1）该台区为农村小容量台区，低压用户 85 户，线损率异常前后用户数无变化。查看采集系统数据，公变终端关口负荷、电量无异常，台区采集覆盖率100%，采集成功率100%，比对区域内附近台区，均未发现线损异常升高情况，初步排除户变对应关系错误、公变终端采集数据异常等原因。

（2）该台区有光伏发电用户接入，查看台区内光伏用户清单，上网关口设置和采集电量，未发现异常。

（3）继续查看该台区近期营销系统流程，发现某光伏发电户新装并网流程结束时间为8月6日，与台区线损率发生异常时间非常接近，但采集系统供电量计算时并无该户信息。

（4）检查该光伏新装流程各环节信息，发现上网关口计量点用途错选成发电关口，造成上网电量无法参与计算，供电量少计，导致台区线损率为负，如图3-51所示。

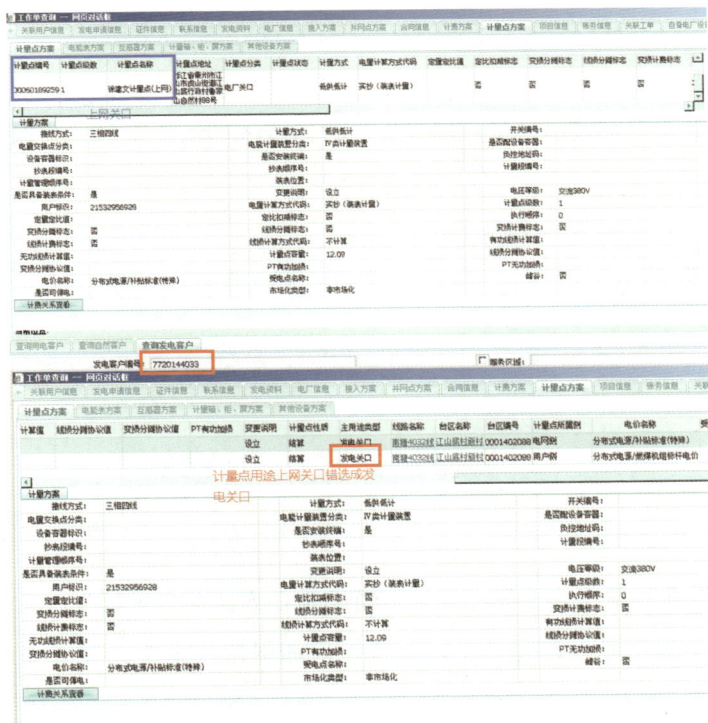

图3-51　该用户计量点用途上网关口错选成发电关口

【整改措施】

（1）2020年8月26日在营销系统发起光伏改类流程，更正上网关口计量点用途，如图3-52所示。

图3-52 发起改类流程修改发电户计量点用途为上网关口

（2）更正上网关口计量点用途后，台区线损即恢复正常，并保持稳定，如图3-53所示。

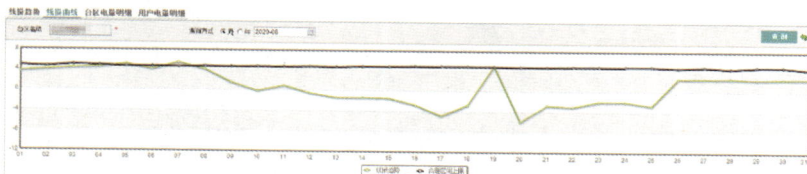

图3-53 该台区2020年8月26日起线损率恢复正常

【小结和建议】

该案例在日常工作中易于发生，特别是在光伏业务量较少，工作人员对相关流程不够熟悉时，容易出现差错，应加强流程审核，在源头及时发现问题。

案例 2　**光伏用户表箱档案信息异常重复统计上网电量导致大线损**

◢【案例描述】

12 月线损治理小组发现，某台区从 11 月 30 日起线损率突然升高，线损率 10.11%，线损电量 39.82kWh，此前日线损率稳定在 2% 左右，日线损电量 10kWh 左右，如图 3-54 所示。

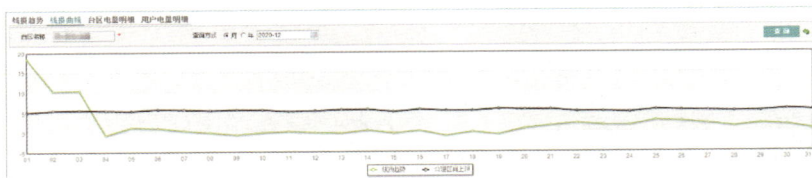

图 3-54　该台区 2020 年 12 月线损变化曲线

◢【分析研判】

（1）该台区为农村小容量台区，低压用户 63 户，线损率异常前后用户数无变化。查看采集系统数据，台区采集覆盖率 100%，采集成功率 100%，比对区域内附近台区，均未发现线损异常升高情况，近一段时期无新装业务流程，基本排除户变对应关系错误原因。

（2）线损电量突然大幅度增加，12 月 1 日线损率更是高达 18.4%，不排除线路设备漏电和违约用电可能性。

（3）该台区有光伏发电上网接入，鉴于此前有台区因光伏相关问题引起台区线损率波动。工作人员查看该台区 12 月 1 日台区线损供电量明细，发现有两条相同的上网电量记录，单条记录上网电量 80.84kWh，依此判断，台区线损率突增由此引起，如图 3-55 所示。

图 3-55　相同户号存在两条上网电量记录

（4）继续核查产生重复计算电量原因。该光伏发电用户 11 月 26 日新装完成，营销系统在表箱用户空间及拓扑关系维护环节，可以看到两条关联记录，确认因光伏流程错误，表箱方案重复，造成上网电量重复计算，如图 3-56 所示。

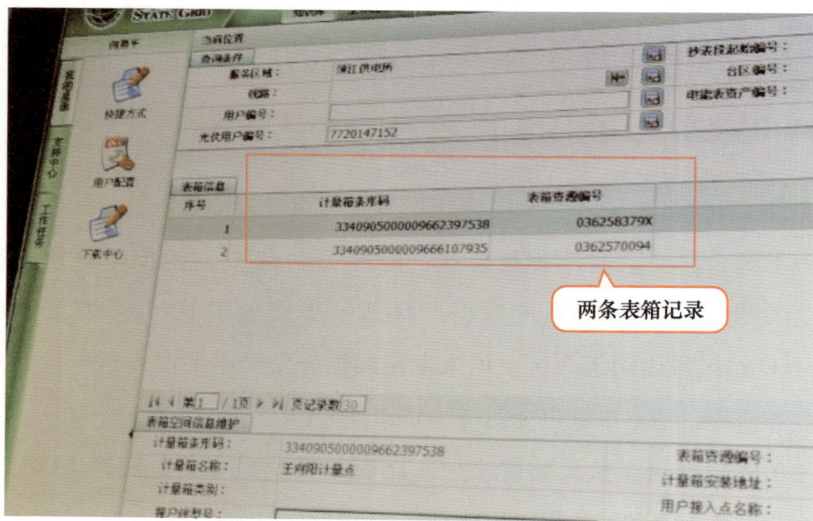

图 3-56　光伏用户表箱和电能表空间信息关系维护重复

◢【整改措施】

（1）12 月 4 日当天解绑一条重复错误信息，然后提交后台拆除多余表箱。

（2）相关流程结束后，12 月 5 日起台区线损率恢复正常，如图 3-57 所示。

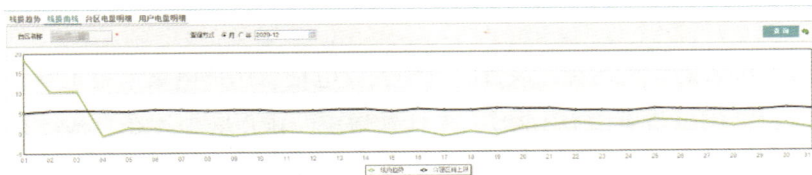

图 3-57　该台区 12 月 5 日起线损率恢复正常

【小结和建议】

该案例问题出现概率相对较小，就其产生的原因既有系统因素也有人员操作因素。该案例主要为帮助读者拓展分析思路。

案例 3　光伏用户电能表方案信息异常导致上网电量未计入供电量

【案例描述】

8 月线损治理小组发现，某台区 8 月 22 日起台区线损为负，此前持续较为稳定，如图 3-58 所示。

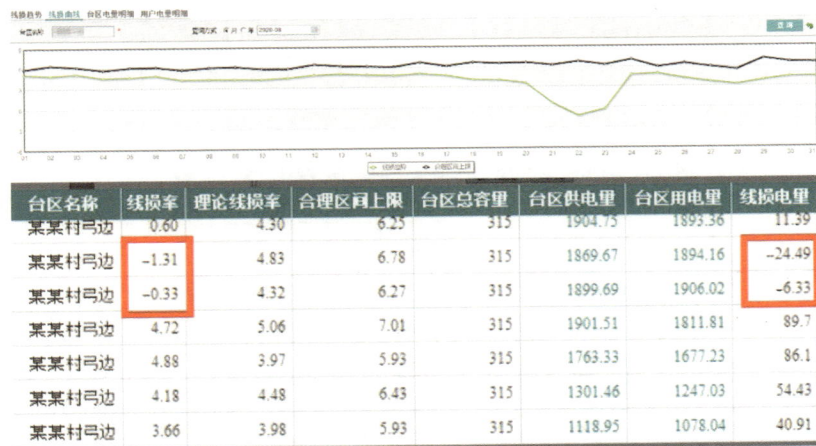

台区名称	线损率	理论线损率	合理区间上限	台区总容量	台区供电量	台区用电量	线损电量
某某村弓边	0.60	4.30	6.25	315	1904.75	1893.36	11.39
某某村弓边	-1.31	4.83	6.78	315	1869.67	1894.16	-24.49
某某村弓边	-0.33	4.32	6.27	315	1899.69	1906.02	-6.33
某某村弓边	4.72	5.06	7.01	315	1901.51	1811.81	89.7
某某村弓边	4.88	3.97	5.93	315	1763.33	1677.23	86.1
某某村弓边	4.18	4.48	6.43	315	1301.46	1247.03	54.43
某某村弓边	3.66	3.98	5.93	315	1118.95	1078.04	40.91

图 3-58　该台区 8 月 22 日起出现负线损情况

◢【分析研判】

（1）从采集系统查看，该台区近期关口电量、用户电量采集正常，采集覆盖率和采集成功率均为 100%，无估算情况，用户数无变化，相邻台区未发现线损率明显波动，户变关系错误概率较小。

（2）该台区有多户光伏发电上网户，核查该台区近期营销相关流程，发现存在某光伏用户新装流程，流程时间与台区线损异常相吻合。仔细核查流程信息，发现存在差错。按照规范，上网关口应取反向有功总（不选谷），但流程中错选取正向有功总和谷，造成该户实际上网电量未能计入供电量，导致线损率计算时供电量少计，台区线损率下降甚至为负，如图 3-59 所示。

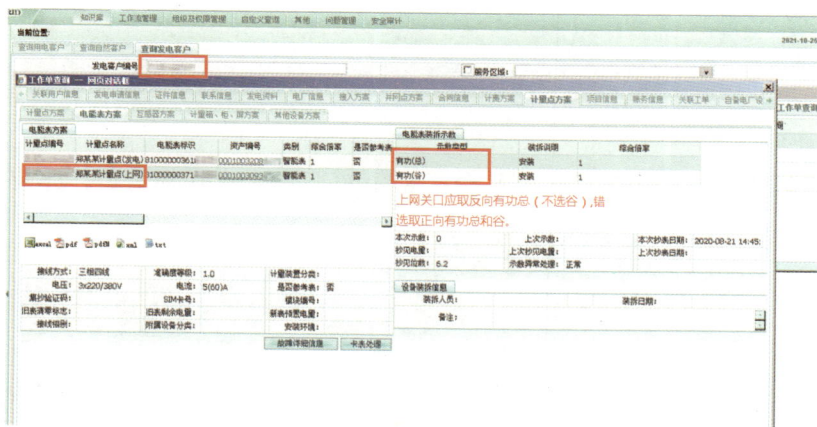

图 3-59　某用户上网关口错选正向"有功（总）"和"有功（谷）"

◢【整改措施】

8 月 24 日发起光伏改类流程，正确选择上网关口信息后，台区线损率恢复正常，如图 3-60、图 3-61 所示。

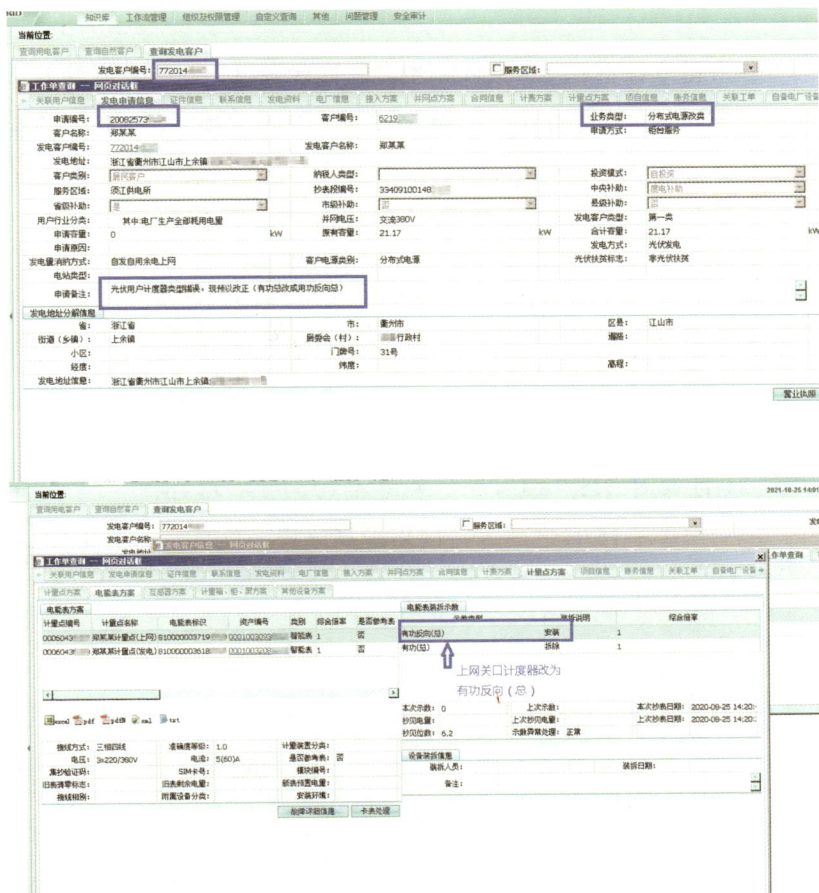

图 3-60　该用户上网关口计度器修改为"有功反向（总）"

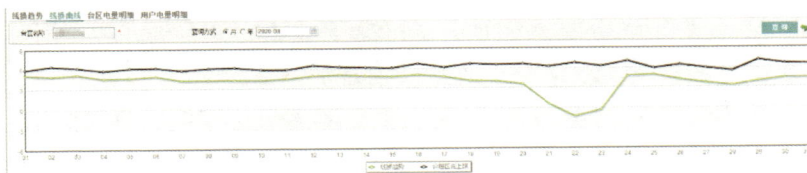

图 3-61　该台区 8 月 24 日起线损恢复正常

【小结和建议】

因工作人员业务不熟悉，工作不细致，光伏发电上网新装流程中，关口信息选择错误，在日常工作中发生概率较大，应加强事前复核和事后系统监控，当光伏发电新装接入后，出现线损率波动，应关注研判是否由此类因素所致。

案例4　电能表轮换后采集系统互感器倍率未同步导致用电量少计

【案例描述】

10月21日线损治理小组发现，某台区10月14日以前线损率一直稳定在1.8%左右，10月15日之后该台区出现高线损，最高时达12.04%，线损电量439.81kWh，如图3-62所示。

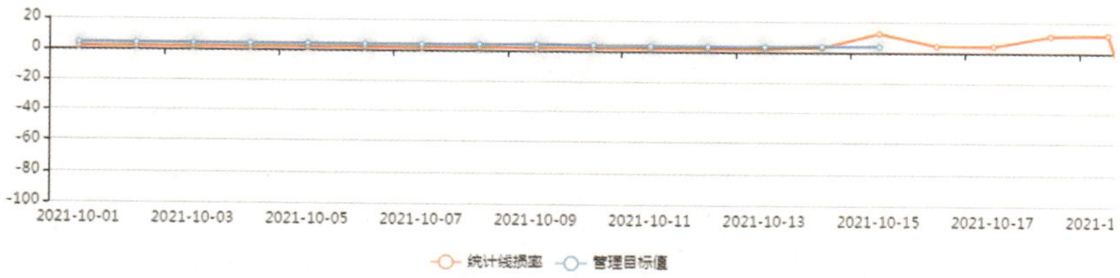

台区名称	台区容量	台区供电量	台区用电量	线损电量	线损率
某某公变	630	2841.60	2519.71	321.89	11.33
某某公变	630	2689.60	2405.32	284.28	10.57
某某公变	630	2472.00	2374.31	97.69	3.95
某某公变	630	2428.80	2330.89	97.91	4.03
某某公变	630	3654.40	3214.59	439.81	12.04
某某公变	630	3339.20	3240.56	98.64	2.95
某某公变	630	2752.00	2702.60	49.40	1.80
某某公变	630	2662.40	2613.83	48.57	1.82

图3-62　该台区10月22日前线损率情况

【分析研判】

（1）从用电信息采集系统查看，该台区共有居民用户 228 户，核对用户档案，未发现近一段时期有用户增减情况，核查相邻台区线损率，未发现异常波动，初步排除户变关系错误问题，采集覆盖率和采集成功率均为100%，未发现影响线损计算的情况。由于线损电量变化较大，因此基本排除漏电原因。

（2）导出台区线损率正常和异常日的用户用电量进行比对，发现某三相用户用电量变化巨大，从对应日期上看，10 月 15 日开始该户用电量突降，与台区线损率升高时间基本吻合，初步判断该用户计量存在问题。

（3）查看该用户详细数据，该用户为带互感器接入式三相电能表计量，系统中 10 月 15 日起，倍率由原来的 30 倍变为 1 倍，用电量大幅度减少，如图 3-63 所示。

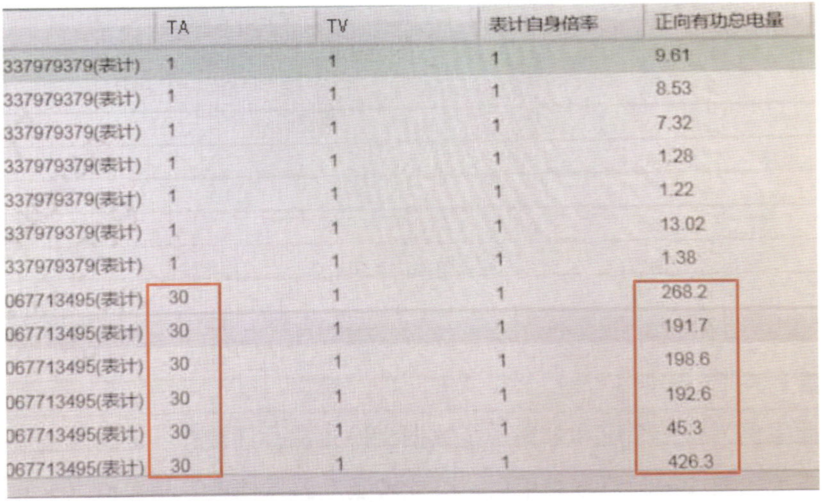

	TA	TV	表计自身倍率	正向有功总电量
337979379(表计)	1	1	1	9.61
337979379(表计)	1	1	1	8.53
337979379(表计)	1	1	1	7.32
337979379(表计)	1	1	1	1.28
337979379(表计)	1	1	1	1.22
337979379(表计)	1	1	1	13.02
337979379(表计)	1	1	1	1.38
067713495(表计)	30	1	1	268.2
067713495(表计)	30	1	1	191.7
067713495(表计)	30	1	1	198.6
067713495(表计)	30	1	1	192.6
067713495(表计)	30	1	1	45.3
067713495(表计)	30	1	1	426.3

图 3-63　该用户用电量对比图

（4）查看营销系统工单信息，发现该用户在 10 月 14 日当天有电能表轮换流程结束，互感器未更换，基本判定是电能表轮换后，采集系统互感器倍率信息不同步导致用电量计算出现错误。

◢【整改措施】

（1）在采集系统对该用户进行档案同步，并刷新前置机后，通过 15min 实时负荷数据查询比对一次、二次电流，确认互感器倍率信息恢复正常。

（2）系统信息处理次日，该用户用电量计算倍率恢复正常，台区线损率恢复正常，如图 3-64 所示。

台区容量	台区供电量	台区用电量	线损电量	线损率
630	2531.20	2481.82	49.38	1.95
630	2625.60	2574.54	51.06	1.94
630	2817.60	2764.90	52.70	1.87
630	2865.60	2811.13	54.47	1.90
630	2916.80	2863.82	52.98	1.82
630	2881.60	2825.70	55.90	1.94
630	2830.40	2775.64	54.76	1.93
630	2510.40	2458.89	51.51	2.05

图 3-64 该用户互感器倍率信息同步后台区线损率情况

◢【小结和建议】

此案例为营销系统和采集系统数据交换异常，日常有一定的发生概率。营销系统轮换或故障流程结束后，电能表及互感器档案等相关信息未同步至采集系统，就会造成采集系统电量计算差错，导致台区线损计算异常。该类问题通过系统档案信息同步并刷新前置机，即可解决。

案例 5　光伏发电新装流程上网关口方案配置错误导致台区线损率大幅波动

【案例描述】

2022 年 1 月 29 日线损治理小组发现，某台区 2022 年 1 月 14 日以前线损率一直在 1.5% 上下小幅波动，2022 年 1 月 15 日之后，该台区出现负损和高损无规则变化，如图 3-65 所示（表中取 2022 年 1 月 17 日至 24 日数据）。

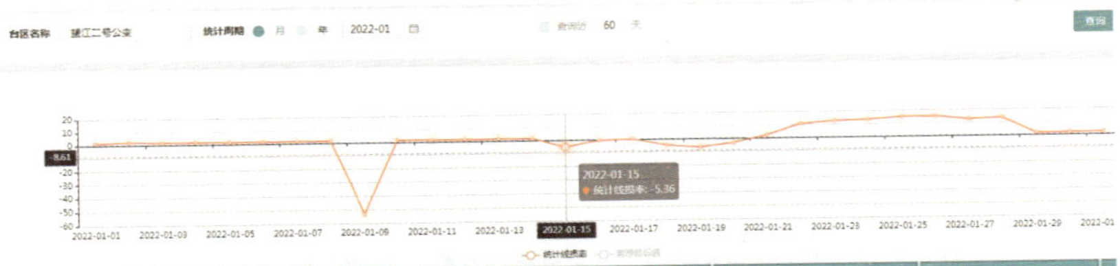

台区容量	台区供电量	台区用电量	线损电量	线损率
630	3090.00	2689.33	400.67	12.97
630	2128.00	1866.21	261.79	12.30
630	2308.00	2068.86	239.14	10.36
630	2402.40	2350.39	52.01	2.16
630	2186.80	2262.35	−75.55	−3.45
630	2126.00	2268.06	−142.06	−6.68
630	2150.00	2251.34	−101.34	−4.71
630	2748.00	2746.46	1.54	0.06

图 3-65　该台区 2022 年 1 月 15 日后线损率情况

【分析研判】

（1）从用电信息采集系统查看，该台区共有居民用户 263 户，核对用户档案，未发现近期有用电户增减情况，且采集覆盖率和采集成功率均为

100%，未发现异常情况。但台区线损率突减突增，怀疑户变关系存在错误，需进一步核查确认。

（2）核查比对同一时期相邻和相近台区线损率变化情况，均未发现异常，初步研判户变关系错误概率较小，但仍需持续关注核查。

（3）核查公变终端96点电流电压负荷数据，未发现明显异常，但现场接线需核查确认。

（4）经了解，该台区在1月上旬曾新装光伏1户，为某单位自发自用余电上网，发电容量66.6kW，现场计量装置接线需核查确认，如图3-66所示。

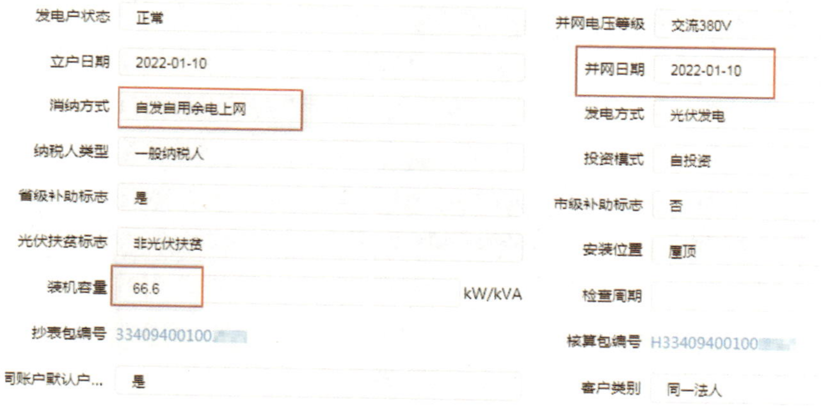

图 3-66　该台区 2022 年 1 月并网光伏用户信息

◢【现场核查】

工作人员随即前往现场开展核查，公变终端接线、光伏发电户接线均正确无误。核查可疑用户户变对应关系，均正确无误。

◢【二次分析研判】

（1）现场排除接线和户变关系错误可能性后，线损治理小组将出现异常线损率以来的十几天明细数据仔细比对，发现该台区新并网某光伏用户的上网电量存在较大疑问。

（2）该光伏用户在 1 月 13 日完成全部流程后，采集未上线，直到 1 月 25 日才抄表成功，但此前一周多时间，每天台区供电量中，却存在该户光伏上网电量，怀疑相关流程和关口配置可能存在错误。

（3）工作人员在营销系统中仔细核对该户光伏新装的每一步流程，发现该流程在计量点方案制订环节时，错误配置上网关口方案，误将余电上网表正向有功（总）配置为上网关口，造成上网电量和用户用电量均取用相同的正向有功（总）电量值，如图 3-67 所示。

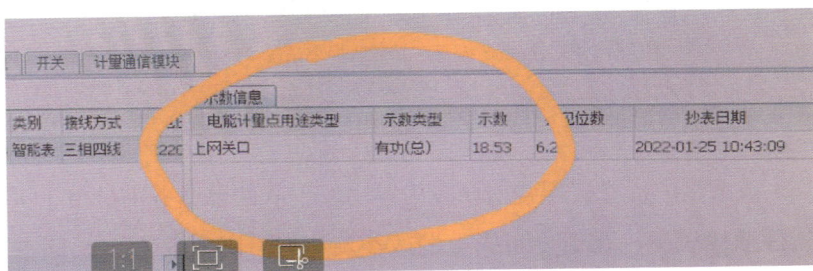

图 3-67　发电关联户上网关口方案配置错误信息图

【整改措施】

（1）1 月 29 日工作人员发起分布式电源改类流程，重新正确制订计量方案后，上网电量计算恢复正确方式。

（2）1 月 29 日起，该台区线损率恢复正常，此后持续稳定在 1.5% 左右，如图 3-68 所示。

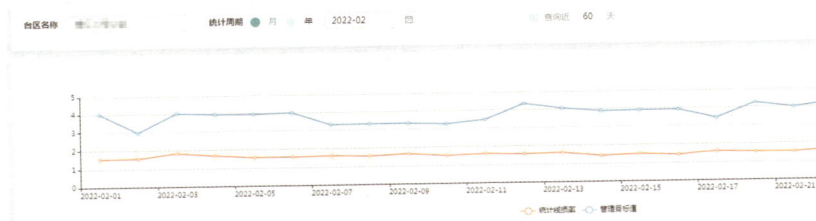

图 3-68　该台区恢复正常后线损率情况

台区容量	台区供电量	台区用电量	线损电量	线损率	理论线损率
630	3288.00	3236.20	51.80	1.58	1.56
630	3150.00	3098.83	51.17	1.62	1.54
630	2023.20	1991.02	32.18	1.59	2.27
630	1822.40	1793.63	28.77	1.58	2.21
630	1916.80	1884.30	32.50	1.70	2.22
630	1796.40	1763.12	33.28	1.85	2.29
630	1722.00	1694.84	27.16	1.58	1.20
630	1750.40	1723.27	27.13	1.55	2.28

图 3-68　该台区恢复正常后线损率情况（续）

【小结和建议】

（1）该案例中计量点配置错误较为容易发生。部分业务人员由于平时光伏业务接触比较少，在走分布式电源改类流程时，尤其是余电上网方式流程，在计量方案制订时出现差错概率相对较高。

（2）该案例中由于光伏发电户发电容量较大，其关联户为单位办公用电，用电量在上班和双休日期间变化较大，同时受天气变化影响，导致台区线损率无序出现高线损和负线损，极易误导分析研判结果。

（3）为何出现高线损和负线损问题，其原因如下：由于错误将用电量配置为上网电量，1 月 15 日至 16 日正是双休日，天气晴好，发电量较高，但单位用电较少，故计入台区供电量的电量较少，但较高的光伏发电量就地平衡后，减少了电网供电量，就造成了负线损。1 月 18 日至 20 日连续三天阴雨，光伏发电量很少，但单位正常上班，用电量较大，导致台区线损率突然大幅增高。

（4）光伏业务是近些年快速出现的新业务，应加强基层人员光伏业务的学习，定期组织开展光伏业务流程培训，针对日常较少接触此类业务流程的人员，更应特别指导、提醒。

第三节　电能计量装置故障类案例

案例 1　低压电流互感器故障导致电量少计

【案例描述】

线损治理小组发现，某台区自 7 月份开始，台区线损率逐步呈上升趋势，从 7 月份数据可见，台区日线损率从 7 月 1 日的 1.25% 升高到 7 月 30 日的 4%，日损失电量从 21.74kWh 增加到 91.87kWh，但日线损率均低于合理区间上限，如图 3-69 所示。

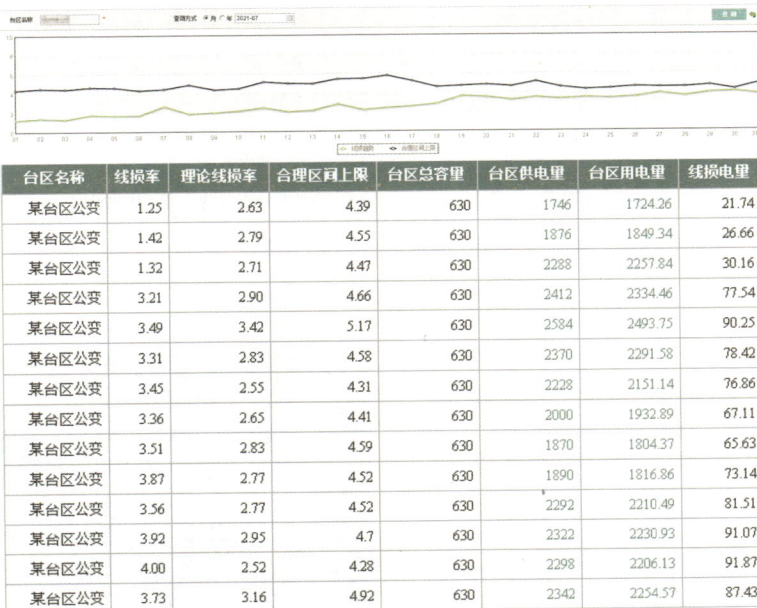

台区名称	线损率	理论线损率	合理区间上限	台区总容量	台区供电量	台区用电量	线损电量
某台区公变	1.25	2.63	4.39	630	1746	1724.26	21.74
某台区公变	1.42	2.79	4.55	630	1876	1849.34	26.66
某台区公变	1.32	2.71	4.47	630	2288	2257.84	30.16
某台区公变	3.21	2.90	4.66	630	2412	2334.46	77.54
某台区公变	3.49	3.42	5.17	630	2584	2493.75	90.25
某台区公变	3.31	2.83	4.58	630	2370	2291.58	78.42
某台区公变	3.45	2.55	4.31	630	2228	2151.14	76.86
某台区公变	3.36	2.65	4.41	630	2000	1932.89	67.11
某台区公变	3.51	2.83	4.59	630	1870	1804.37	65.63
某台区公变	3.87	2.77	4.52	630	1890	1816.86	73.14
某台区公变	3.56	2.77	4.52	630	2292	2210.49	81.51
某台区公变	3.92	2.95	4.7	630	2322	2230.93	91.07
某台区公变	4.00	2.52	4.28	630	2298	2206.13	91.87
某台区公变	3.73	3.16	4.92	630	2342	2254.57	87.43

图 3-69　该台区 7 月份线损率变化情况

◢【分析研判】

（1）台区供电方式采用纯电缆线路。从系统查看，台区线损变化前后共有低压用户 105 户，未出现变化。且采集覆盖率为 100%，采集成功率为 100%，未发现影响线损计算情况。

（2）核查周边相邻台区，未发现有线损异常。同时段内也未出现电能表数量变动，初步排除户变关系错误原因。

（3）比对分析台区内各电能表日用电量的变化情况，核查台区内配置电流互感器的 4 只三相电能表负荷数据，其中有 1 只电能表 C 相二次电流为 0，需重点核查。

（4）台区内"0 电量"用户共 17 户，需重点核查。

（5）台区较长时间未开展综合巡视核查，日线损率也不稳定，不排除用户有违约用电，需重点核查。

综上初步研判，治理该台区线损逐步增大问题，重点应现场核查计量装置异常、违约用电等方面问题。

◢【现场核查】

（1）线损治理小组携带台区用户电能表清单和仪器设备，组织现场核查。未发现用户违约用电行为，测试漏电情况也未发现电缆线路漏电异常，未发现"0 电量"用户电能表有损坏和异常。

（2）当核查上述分析研判的某只三相电能表时，实测发现 C 相一次电流 10A 以上，电能表 C 相却显示"0.000"数值，实测电流互感器 C 相二次电流几乎为 0，确认 C 相电流互感器故障，如图 3-70 所示。

图 3-70　三相用户互感器 C 相二次电流异常

综上核查判断，该三相用户 C 相电流互感器故障，是造成台区大线损的主要原因。

【整改措施】

（1）线损治理小组立即告知计量运维管理人员，尽快安排更换处理该户计量装置。

（2）现场处理完成后，该户用电量从原日用电 150kWh 左右，增加到日用电 200kWh 以上，如图 3-71 所示。

图 3-71　某三相用户互感器更换前后用电量变化情况

（3）计量装置故障处理后，8 月 9 日之后台区线损率均在 1.3% 左右，并持续保持稳定，如图 3-72 所示。

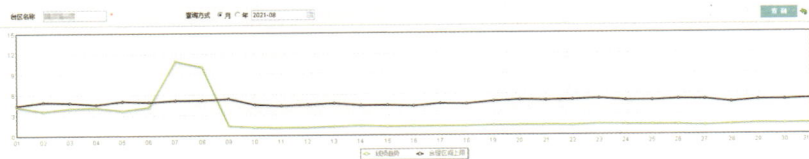

图 3-72　8 月台区治理前后线损率变化情况

【小结和建议】

（1）在台区线损异常分析研判过程中，如出现较大线损电量变化时，要充分利用用电信息采集系统，重点关注分析配置电流互感器的三相电能表用户的负荷变化情况，做好核查前的用户清单和分析记录，便于现场快速查找和发现问题。

（2）在夏季高温季节，要加强对大电量台区、大电量用户计量装置的日常运行监控、现场巡视工作。在日常运行中，电流互感器故障容易被忽视，应重点关注。

案例 2　低压电流互感器超载计量失准导致电量少计

【案例描述】

8月份线损治理小组发现，原先较为稳定且线损率较低的某台区，自7月进入高温季节以来，台区线损率出现明显波动，日线损率曲线在合理区间上下起伏，从7月份数据可见，有21天超出合理区间上限。台区最大日线损率7.87%，最大日损失电量达201.27kWh，如图3-73所示。

台区名称	线损率	理论线损率	合理区间上限	台区总容量	台区供电量	台区用电量	线损电量
某某公二变	6.67	2.00	3.76	500	2613	2438.61	174.39
某某公二变	7.87	2.22	3.97	500	2557.5	2356.23	201.27
某某公二变	6.49	1.85	3.6	500	2407.5	2251.31	156.19
某某公二变	6.24	1.94	3.7	500	2617.5	2454.05	163.45

图 3-73　该台区 7 月份线损率变化情况

【分析研判】

（1）该台区供电方式采用纯电缆，处于老城区。从采集系统查看，台区线损变化前后共有低压用户74户，未出现变化，无光伏发电上网。采集覆盖率为100%，采集成功率为100%，未发现影响线损计算因素。

（2）核查周边相邻台区，未发现有线损率异常情况，均较为稳定。同时段内也未出现电能表数量变动，台区线损电量起伏较大，初步排除户变关系错误可能性。

（3）比对分析台区内各用户日用电量的变化情况，发现一户三相用户日用电量变化与台区日线损率变化有一定关联。即该电能表日用电量在700kWh 以下时，台区日线损率 2.36% 以下，但日用电量在 950kWh 以上时，台区日线损率 6.00% 以上，而且随着该户的用电量增加台区线损率呈现升高趋势，如图 3-74 所示。

户号	户名	地址	表计局号	TA	1.71%	1.92%	2.36%	6.00%	7.31%	7.87
76180		某某街6号店面	33300010001002	15	0	0	0	0	0	0
76180		某某街6-1号20	33300010001002	15	583.8	407.7	701.4	951.3	1021.35	1104.6
76400		某某59-1-201	33300010001001	40	88	89.2	67.2	58.8	12.8	13.2
76400		某某南街41栋	33300010001000	1	25.04	26.42	19.6	26.16	23.75	23.49

图 3-74　某三相用户日用电量与台区日线损率对比图

进一步核查该用户的三相负荷数据，发现进入高温季节以来，用电负荷大幅度增加，一天内有大部分时段的电流明显超出电流互感器的额定电流75A，峰值时达到150A，需重点核查。

（4）台区线损率在合理区间上下波动，高温季节空调降温用电增加，不排除有用户违约用电等问题。

综上初步研判，治理该台区大线损问题，重点应核查计量装置和用户违约用电等方面问题。

◢【现场核查】

（1）根据分析研判组织现场核查，当核查上述研判的大电量三相用户时，打开表箱门瞬间，箱内体感温度较高，核对现场电流互感器变比为75/5，与系统信息数据一致。但三相电流互感器发热严重，发现 B 相电流互感器外壳有明显的因发热导致裂纹，实测 B 相二次电流值与电能表上显示数值基本一致，但一次电流与二次电流的比例与变比不一致，判断互感器超载引起计量异常，如图 3-75 所示。

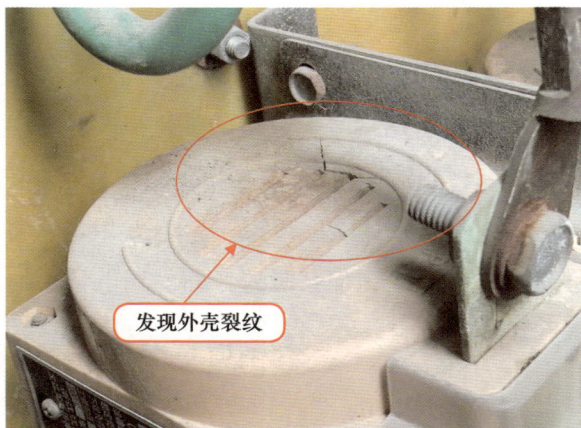

图 3-75　该户 B 相电流互感器外壳有裂纹

（2）完成上述核查工作后，继续对台区内进行排查，未发现用户违约用电现象。随后实测各电缆线路漏电情况，未发现有漏电现象。

综上所述，台区出现大线损的主要原因，是电流互感器超载引起计量失准所致。

【整改措施】

（1）根据现场核查情况，以书面形式告知计量运行管理人员和客户经理，立即通知用户即刻办理增容手续。8 月底用户办理增容后，该用户日用电量从 940kWh，增加到日用电量 1170kWh 左右，如图 3-76 所示。

日期	资产编号	计量点编号	计量点用途	正向有功总电量(kWh)	尖电量（kWh）
2021-08-31	0001002459□（电能表）	00000326016	售电侧结算	1178.8	210.4
2021-08-28	0001002435□（电能表）	00000326016	售电侧结算		
2021-08-27	0001002435□（电能表）	00000326016	售电侧结算	938.55	128.4
2021-08-26	0001002435□（电能表）	00000326016	售电侧结算	939.45	·137.1
2021-08-25	0001002435□（电能表）	00000326016	售电侧结算	931.65	118.65
2021-08-24	0001002435□（电能表）	00000326016	售电侧结算	1003.95	138.15

图 3-76　该用户增容后电量变化情况

（2）该用户增容完成后，2021年9月的台区日线损率下降至2.0%左右，日均损失电量53kWh左右，并持续保持稳定，如图3-77所示。

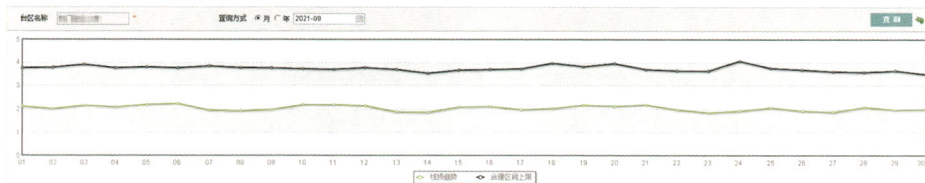

图3-77 治理后2021年9月份台区线损率情况

【小结和建议】

（1）按照《电能计量装置技术管理规程》（DL/T 448—2016）规定，互感器二次负荷应在25%～100%额度二次负荷范围内。当二次回路及其负荷变动时，应及时进行现场检查。运行中的低压电流互感器，宜在电能表更换时进行变比、二次回路及其负荷的检查。

（2）低压用户超容超载问题较为常见，需要引起各级管理部门重视，应结合台区线损管理，利用采集系统加强对电能计量装置的日常运行监控和现场巡视工作，对线损率偏高的台区，大电量用户重点关注，发现负荷、电量异常，立即组织核查确认。

案例3 三相四线电能表一相失压导致电量少计

【案例描述】

线损治理小组发现，某台区7月以前线损率一直在3%以下小幅波动，2020年7月19日开始该台区线损率突然增大至5%以上，此后2个月该台区一直处于高线损异常状态，如图3-78所示。

图 3-78　该台区 7 月线损率变化明细

【分析研判】

（1）该台区从 7 月起线损升高，线损电量较大，虽未超过 7% 的阶段性管理目标值，但持续超理论线损率，且线损电量波动明显，其中 8 月 3 日线损电量 252.37kWh，线损率 5.47%。台区内低压用户 213 户，无光伏发电上网，采集覆盖率为 100%，采集成功率基本达到 100%，偶有估算，但不影响台区线损率计算。台区用户对应关系此前供电所核查确认全部正确。

（2）因线损电量较大，并与台区用电量正向关联，基本排除漏电可能，初步分析研判存在用电量较大的三相用户计量故障或台区内用户违约用电可能。

（3）进一步比对分析用户用电量，发现某用户日电量变化与台区线损电量变化呈正向关联，如图 3-79 所示。因台区未更换 HPLC（低压电力线高速载波）采集，无法查询实时负荷，对该三相用户进行实时召测电能表三相电压电流均失败，怀疑该电能表失压造成电量少计，导致台区线损率升高，需现场核查确认。

日期	局号（终端/表计）	CT	PT	表计自	正向有	正向	←尖电量	←峰电量	←平电量	←谷电量
2020-07-12	33300010001000017724...	1	1	1	191.93		17.3	94.44	0	80.2
2020-07-11	33300010001000017724...	1	1	1	172.66		16.46	84.11	0	72.1
2020-07-10	33300010001000017724...	1	1	1	157.85		12.47	74.78	0	70.6
2020-07-09	33300010001000017724...	1	1	1	168.22		14.43	80.56	0	73.24
2020-07-08	33300010001000017724...	1	1	1	149.23		13.27	71.9	0	64.06
2020-07-07	33300010001000017724...	1	1	1	155.18		12.87	72.25	0	70.07
2020-07-06	33300010001000017724...	1	1	1	173.96		15.88	85.41	0	72.66
2020-07-05	33300010001000017724...	1	1	1	174.34		15.45	88.53	0	70.35
2020-07-04	33300010001000017724...	1	1	1	151.24		13.96	73.37	0	63.92
2020-07-03	33300010001000017724...	1	1	1	153.68		15.13	72.73	0	65.82
2020-07-02	33300010001000017724...	1	1	1	127.85		12.07	63.85	0	51.94
2020-07-01	33300010001000017724...	1	1	1	79.97		13.51	50.3	0	16.16
2020-06-30	33300010001000017724...	1	1	1	75.03		7.08	14.36	0	53.57
2020-06-29	33300010001000017724...	1	1	1	287.39		27.04	144.99	0	115.36
2020-06-28	33300010001000017724...	1	1	1	280.32		25.89	140.65	0	113.78
2020-06-27	33300010001000017724...	1	1	1	265.64		25.79	127.55	0	112.31
2020-06-26	33300010001000017724...	1	1	1	261.63		25.83	128.33	0	107.46

图 3-79 某用户日用电量变化情况

综上分析，该台区治理重点需现场核查该用户三相计量装置异常和违约用电问题。

【现场核查】

10 月 20 日工作人员前往现场检查，发现该用户电能表虽然显示三相都有电压，但按白色轮显按钮检查，发现 C 相电压只有 0.2V，用万用表测量实际进线电压正常，C 相电流正常，确定该电能表 C 相失压故障，如图 3-80 所示。

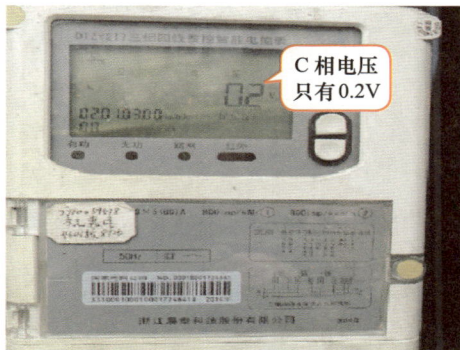

图 3-80 某用户三相电能表 C 相失压

◢【整改措施】

（1）工作人员与用户现场确认计量装置故障情况。

（2）台区经理于 10 月 20 日当天发起计量装置故障流程，更换电能表，并跟踪流程，快速完成采集覆盖。

（3）10 月 23 日台区线损电量降至 17.34kWh，线损率回落至 0.96%，此后持续保持稳定，如图 3-81 所示。

线损率	理论线损率	合理区间上限	台区总容量	台区供电量	台区用电量	线损电量
7.46	3.71	5.61	400	1801.25	1666.95	134.3
10.49	3.51	5.41	400	1816.18	1625.64	190.54
11.99	3.82	5.72	400	1816.52	1598.8	217.72
0.96	3.65	5.56	400	1805	1787.66	17.34
0.89	3.47	5.37	400	1890.41	1873.65	16.76
1.06	3.63	5.54	400	1888.25	1868.3	19.95
0.92	3.35	5.26	400	1827.57	1810.68	16.89
0.80	3.69	5.59	400	1790.9	1776.58	14.32
0.93	3.86	5.77	400	1773.41	1757	16.41
0.89	3.53	5.79	400	1794.02	1777.98	16.04
0.87	3.93	5.84	400	1796.56	1780.94	15.62

图 3-81　该台区 2020 年 10 月 23 日起线损率恢复正常

◢【小结和建议】

（1）该案例为三相用户计量装置故障，其中一相失压导致用户用电量少计，历时近三个月，工作人员需加强周期核抄等工作质量监控，确保现场核抄时对电能表运行情况检查到位，及时发现异常。

（2）加强系统监控，线损电量明显波动时，应及时分析，供电量、售电量变化情况，用户电量变化是否与台区线损电量关联，充分利用系统数据分析研判异常用户。

案例 4　电能表烧坏导致电量少计

▲【案例描述】

2021 年 3 月线损治理小组发现，某台区 3 月 13 日线损突然升高，且线损电量波动明显，如图 3-82 所示。

线损率	理论线损率	合理区间上限	台区总容量	台区供电量	台区用电量	线损电量
4.07	3.31	5.27	315	779.66	747.91	31.75
5.41	3.41	5.37	315	831.85	786.86	44.99
9.80	3.40	5.37	315	809.17	729.89	79.28
7.93	3.17	5.13	315	703.2	647.41	55.79
7.85	3.47	5.43	315	608.86	561.05	47.81
7.06	3.14	5.11	315	677.6	629.74	47.86
6.52	3.11	5.07	315	680.17	635.79	44.38
4.65	3.13	5.09	315	671.87	640.65	31.22
3.81	3.40	5.36	315	721.46	693.94	27.52

图 3-82　该台区 2021 年 3 月 13 日起线损率开始增大

▲【分析研判】

（1）该台区共有低压用户 159 户，台区关口电量、用户电量采集正常，采集覆盖率为 100%，采集成功率为 100%，无估算，用户数较长时期无变化，台区对应关系正确。

（2）线损率升高期间，线损电量波动较大，日线损电量差值达到 20kWh 以上，基本可以排除漏电可能性，初步分析研判存在计量故障或用户违约用电问题。

（3）通过线损率升高前后用户日用电量清单比对，进一步分析发现，户号 ***8005488 的用户日用电量变化与台区线损电量变化呈正向关联，即该用户用电量突然增加，使台区线损率升高，如图 3-83 所示。

图 3-83　户号 ***8005488 用户用电量突然变化数据图

【现场核查】

（1）3 月 22 日组织现场检查，发现电能表接线盖明显变色，该用户电能表已烧损，如图 3-84 所示。

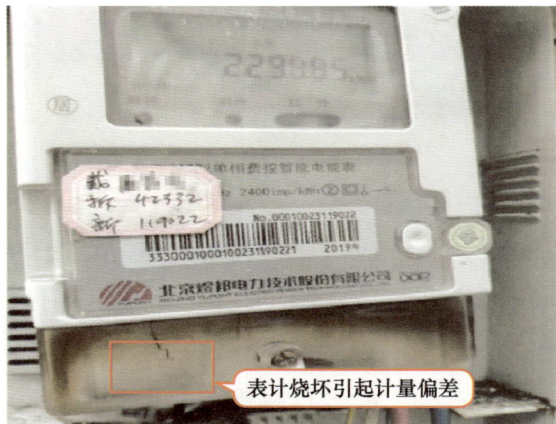

图 3-84　用户电能表烧坏实景图

（2）因未完全烧毁，用户暂时仍能正常用电，但检测进线电流，发现电能表显示电流与实际不符，确定因电能表烧损故障造成电量少计。

【整改措施】

（1）工作人员告知用户相关故障信息，并与用户现场确认电能表故障情况。

（2）台区经理于 3 月 22 日当天安排发起计量装置故障流程，更换电能表，3 月 24 日以后线损恢复至故障前水平，如图 3-85 所示。

线损率	理论线损率	合理区间上限	台区总容量	台区供电量	台区用电量	线损电量
3.92	3.45	5.41	315	763.45	733.52	29.93
4.18	3.83	5.79	315	660.66	633.02	27.64
4.62	3.55	5.51	315	674.02	642.9	31.12
3.81	3.43	5.39	315	657.21	632.18	25.03
4.14	3.62	5.58	315	635.46	609.17	26.29
4.13	3.54	5.51	315	678.2	650.16	28.04
4.06	3.37	5.33	315	629.08	603.51	25.57
4.22	3.46	5.42	315	592.06	567.09	24.97
3.69	3.53	5.5	315	620.3	597.38	22.92
3.76	3.37	5.33	315	621.95	598.59	23.36
3.67	3.41	5.37	315	659.98	635.78	24.2

图 3-85　该台区 3 月 24 日起线损率恢复正常

【小结和建议】

（1）加强计量装接质量管控，较大比例的电能表烧损原因主要是安装质量不佳。

（2）加强系统监控，线损电量明显波动时，应及时分析用户电量变化是否与台区线损电量关联，系统分析研判异常用户，提高排查效率。

案例 5　三相电能表一相进线桩头烧坏导致计量异常

◢【案例描述】

8 月线损治理小组发现，某台区 2 日起线损率明显升高，且线损电量波动明显，其中 8 月 2 日线损电量 113.51kWh，线损率 10.87%，后续该台区线损率一直处于高位异常波动状态，如图 3-86 所示。

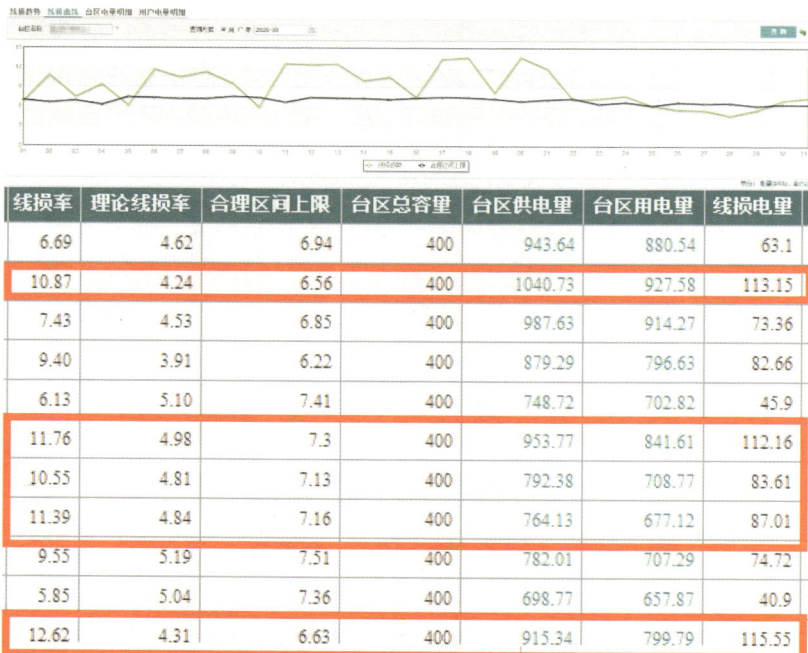

线损率	理论线损率	合理区间上限	台区总容量	台区供电量	台区用电量	线损电量
6.69	4.62	6.94	400	943.64	880.54	63.1
10.87	4.24	6.56	400	1040.73	927.58	113.15
7.43	4.53	6.85	400	987.63	914.27	73.36
9.40	3.91	6.22	400	879.29	796.63	82.66
6.13	5.10	7.41	400	748.72	702.82	45.9
11.76	4.98	7.3	400	953.77	841.61	112.16
10.55	4.81	7.13	400	792.38	708.77	83.61
11.39	4.84	7.16	400	764.13	677.12	87.01
9.55	5.19	7.51	400	782.01	707.29	74.72
5.85	5.04	7.36	400	698.77	657.87	40.9
12.62	4.31	6.63	400	915.34	799.79	115.55

图 3-86　该台区 8 月 1 日至 11 日线损率变化情况

◢【分析研判】

（1）核查采集系统数据，该台区采集覆盖率为 100%，采集成功率为 100%，关口电量、用户电量采集均正常，无估算，用户数也无变化，台区对应关系正确。

（2）因线损电量较大，且日间波动明显，并与台区售电量正向关联，排除漏电可能，初步分析研判，存在三相用户计量故障或用户违约用电问题概率较大。

（3）通过台区线损率升高前后用户日用电量清单比对筛选，进一步分析发现，某用户的日用电量变化与台区线损电量变化呈正向关联，即该用户用电量越大线损率越高。

（4）因台区未更换 HPLC 采集，系统无法查询三相电流、电压数据，故实时召测该用户电能表的电流、电压数据，结果显示 B 相电压为零，A、C 相电压正常，疑该电能表 B 相失压造成电量少计，导致台区线损率升高，需立即安排现场核查。

◢【现场核查】

（1）2020 年 8 月 20 日组织现场检查，发现该用户电能表 B 相接线桩头烧坏，液晶显示屏 B 相电压呈闪烁状态，B 相电流为负（实际接线正确）。

（2）用万用表测量，实际进线电压、电流正常，确认电能表因桩头烧损导致故障，造成电能表 B 相失压，用电量少计，如图 3-87 所示。

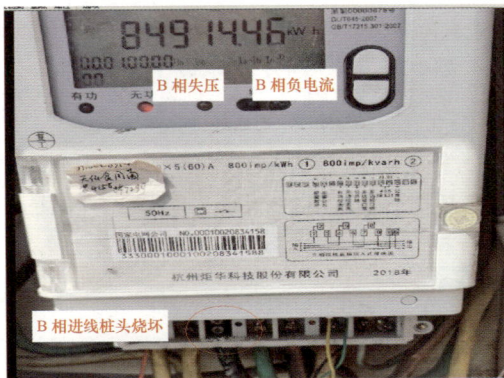

图 3-87　该用户电能表 B 相进线桩头烧坏

◢【整改措施】

（1）现场检查人员与用户现场确认故障情况。

（2）台区经理于 8 月 21 日当天安排发起计量装置故障流程，并更换电能表，8 月 26 日台区线损电量降至 48.9kWh，线损率为 5.57%，与 7 月线损率接近，回落至合理区间并保持稳定，如图 3-88 所示。

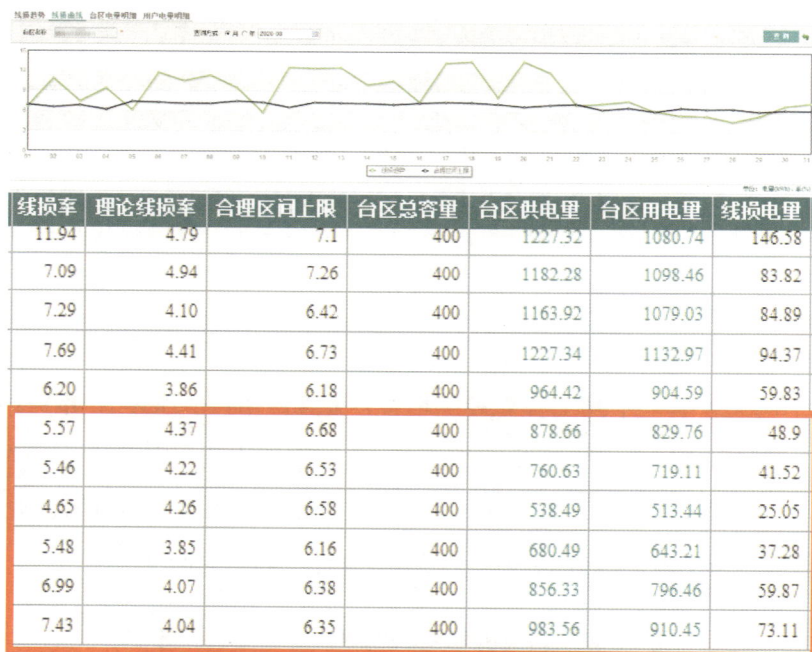

线损率	理论线损率	合理区间上限	台区总容量	台区供电量	台区用电量	线损电量
11.94	4.79	7.1	400	1227.32	1080.74	146.58
7.09	4.94	7.26	400	1182.28	1098.46	83.82
7.29	4.10	6.42	400	1163.92	1079.03	84.89
7.69	4.41	6.73	400	1227.34	1132.97	94.37
6.20	3.86	6.18	400	964.42	904.59	59.83
5.57	4.37	6.68	400	878.66	829.76	48.9
5.46	4.22	6.53	400	760.63	719.11	41.52
4.65	4.26	6.58	400	538.49	513.44	25.05
5.48	3.85	6.16	400	680.49	643.21	37.28
6.99	4.07	6.38	400	856.33	796.46	59.87
7.43	4.04	6.35	400	983.56	910.45	73.11

图 3-88 该台区 8 月 26 日起线损恢复正常

◢【小结与建议】

（1）该案例故障主要是电能表接线桩头螺栓不够紧固，用电负荷增大后引起过度发热所致。

（2）现场安装工作中，应加强电能计量装置安装质量管控，严格规范装接，接线桩头内外螺栓均应拧紧，确保接线桩头紧固。

（3）加强系统监控，线损电量明显波动时，应及时分析供电量、售电量变化情况，用户电量变化是否与台区线损电量关联，准确查找异常用户。

（4）提高周期核抄工作质量，现场核抄时应检查电能表运行情况，及时发现异常。

案例 6　单相电能表相线电流与表内显示不一致导致电量少计

【案例描述】

2021 年 2 月线损治理小组发现，某台区从 2020 年 10 月 11 日起线损升高，此后三个多月一直在高位运行，线损电量较大，经常超过理论线损值，且线损电量波动明显，其中 10 月 29 日线损电量 81.17kWh，线损率为 7.36%，此后该台区线损率一直处于高损异常状态，如图 3-89 所示。

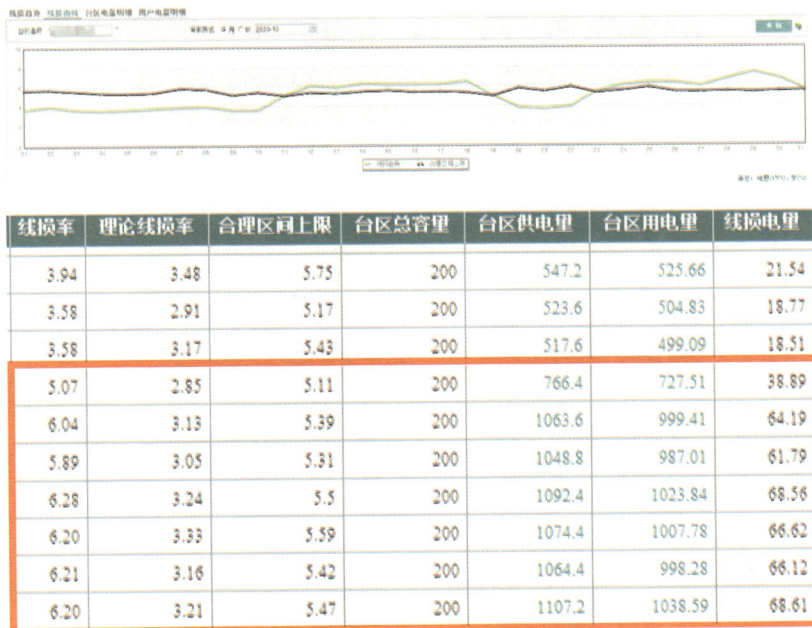

线损率	理论线损率	合理区间上限	台区总容量	台区供电量	台区用电量	线损电量
3.94	3.48	5.75	200	547.2	525.66	21.54
3.58	2.91	5.17	200	523.6	504.83	18.77
3.58	3.17	5.43	200	517.6	499.09	18.51
5.07	2.85	5.11	200	766.4	727.51	38.89
6.04	3.13	5.39	200	1063.6	999.41	64.19
5.89	3.05	5.31	200	1048.8	987.01	61.79
6.28	3.24	5.5	200	1092.4	1023.84	68.56
6.20	3.33	5.59	200	1074.4	1007.78	66.62
6.21	3.16	5.42	200	1064.4	998.28	66.12
6.20	3.21	5.47	200	1107.2	1038.59	68.61

图 3-89　该台区 2020 年 10 月线损变化情况

【分析研判】

（1）该台区为农村架空线路台区，共有用户 108 户，采集覆盖率为 100%，采集成功率为 100%，台区关口电量、用户电量采集正常，无估算，当年以来用户数无变化，台区对应关系未发生变化，未发现影响线损正确计算的因素。

（2）因 10 份线损电量较大，且较为稳定，不排除有漏电可能。

（3）继续查看 2020 年 11 月至 12 月线损电量数据，线损率仍在高位，但线损电量明显波动，初步排除了漏电的可能性。分析研判存在计量故障或台区内用户违约用电概率较大。

（4）选取正常线损率和异常线损率不同日期的用户电量清单进一步分析，发现某用户日用电量变化与台区线损电量反向关联，且变化时间节点一致，即该用户用电量少台区线损率则升高，需现场重点核查确认，如图 3-90 所示。

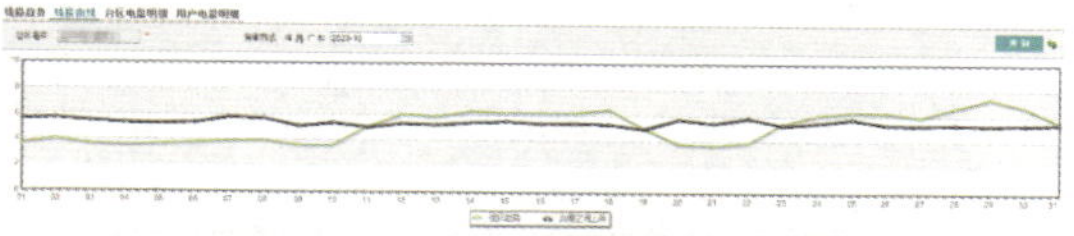

线损率	理论线损率	合理区间上限	台区总容量	台区供电量	台区用电量	线损电量
3.90	3.66	5.93	200	529.6	508.92	20.68
5.42	3.08	5.35	200	864.8	817.92	46.88
6.07	3.29	5.55	200	1083.2	1017.46	65.74
6.34	3.60	5.86	200	1139.2	1066.95	72.25
6.30	3.16	5.42	200	1094.8	1025.83	68.97
5.96	3.14	5.4	200	672	631.98	40.02
6.69	3.19	5.46	200	1108.8	1034.67	74.13
7.36	3.12	5.38	200	1102.8	1021.63	81.17
6.73	3.18	5.44	200	1100	1026.02	73.98
5.56	3.24	5.5	200	735.6	694.67	40.93

查询结果:【符号"--"含义为参见左列】

日期	局号(终端/表计)	CT	PT	表计自身倍率	正向有功总电量
2020-10-31	3310101084801132722898(表计)	1	1	1	0.26
2020-10-30	3310101084801132722898(表计)	1	1	1	0.29
2020-10-29	3310101084801132722898(表计)	1	1	1	0.34
2020-10-28	3310101084801132722898(表计)	1	1	1	0.27
2020-10-27	3310101084801132722898(表计)	1	1	1	1.04
2020-10-26	3310101084801132722898(表计)	1	1	1	6.22
2020-10-25	3310101084801132722898(表计)	1	1	1	6.1
2020-10-24	3310101084801132722898(表计)	1	1	1	4.35
2020-10-23	3310101084801132722898(表计)	1	1	1	5.67
2020-10-22	3310101084801132722898(表计)	1	1	1	3.98

图 3-90　某用户日用电量变化与台区线损电量呈反向关联

▲【现场核查】

（1）2021 年 2 月 19 日对疑似异常用户实施现场检查，未发现电能表外观上异常，接线也正常。

（2）用钳形电流表检测电能表进出线电流，发现电能表显示相线电流与实际不符，电能表显示电流 0.6A，而钳形电流表实测为 10.5A，且中性线电流与相线电流不一致，如图 3-91 所示。

（3）现场检查未发现违约用电现象，基本确定为电能表故障引起。

图 3-91　该用户电能表显示电流与实测电流差异巨大

▲【整改措施】

（1）现场检查人员当场告知用户核查情况，并与用户现场确认故障事实，拟更换电能表。

（2）台区经理于 2 月 19 日当天安排发起计量装置故障流程，更换电能表。

（3）故障电能表送检定班检定，确认结果为误差超差。

（4）2021 年 2 月 22 日台区线损电量降至 15.69kWh，线损率为 2.77%，此后稳定在 3% 以内，如图 3-92 所示。

线损率	理论线损率	合理区间上限	台区总容量	台区供电量	台区用电量	线损电量
3.46	3.85	6.11	200	604.4	583.48	20.92
3.02	3.95	6.21	200	594.8	576.85	17.95
3.13	3.88	6.15	200	603.2	584.33	18.87
2.77	3.84	6.1	200	566.8	551.11	15.69
2.58	3.65	5.91	200	544.8	530.76	14.04
2.74	3.85	6.11	200	557.6	542.34	15.26
2.65	3.63	5.89	200	573.6	558.42	15.18
3.49	3.63	5.9	200	596.4	575.6	20.8
2.43	3.66	5.92	200	557.6	544.03	13.57
2.82	3.67	5.94	200	585.6	569.11	16.49

图 3-92　该台区 2021 年 2 月 22 日起线损率恢复正常

▲【 小结与建议 】

（1）台区线损率明显波动时，不论是否在阶段性管理目标内，都应及时通过采集系统分析供电量、用电量变化情况，分析研判产生的波动的原因，及时组织核查确认。

（2）现场核查计量装置时，不能仅从外观查看，应使用仪器设备检测实际电流、电压，并与电能表显示数据比对，确认是否一致，计量装置是否正常运行。

案例7　电能表进线桩头烧坏导致停走

【案例描述】

2021年5月上旬线损治理小组发现，某台区2021年5月3日开始线损率明显升高，5月5日线损率超过10%，线损电量32.96kWh，如图3-93所示。

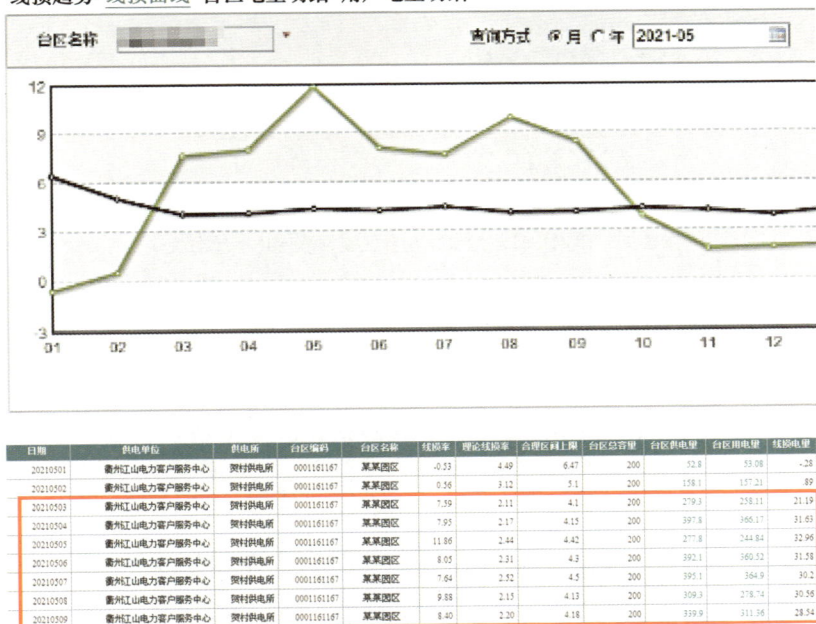

日期	供电单位	供电所	台区编码	台区名称	线损率	理论线损率	合理区间上限	台区总容量	台区供电量	台区用电量	线损电量
20210501	衢州江山电力客户服务中心	贺村供电所	0001161167	某某园区	-0.53	4.49	6.47	200	52.8	53.08	-.28
20210502	衢州江山电力客户服务中心	贺村供电所	0001161167	某某园区	0.56	3.12	5.1	200	158.1	157.21	.89
20210503	衢州江山电力客户服务中心	贺村供电所	0001161167	某某园区	7.59	2.11	4.1	200	279.3	258.11	21.19
20210504	衢州江山电力客户服务中心	贺村供电所	0001161167	某某园区	7.95	2.17	4.15	200	397.8	366.17	31.63
20210505	衢州江山电力客户服务中心	贺村供电所	0001161167	某某园区	11.86	2.44	4.42	200	277.8	244.84	32.96
20210506	衢州江山电力客户服务中心	贺村供电所	0001161167	某某园区	8.05	2.31	4.3	200	392.1	360.52	31.58
20210507	衢州江山电力客户服务中心	贺村供电所	0001161167	某某园区	7.64	2.52	4.5	200	395.1	364.9	30.2
20210508	衢州江山电力客户服务中心	贺村供电所	0001161167	某某园区	9.88	2.15	4.13	200	309.3	278.74	30.56
20210509	衢州江山电力客户服务中心	贺村供电所	0001161167	某某园区	8.40	2.20	4.18	200	339.9	311.36	28.54

图3-93　某台区2021年5月上旬线损率变化情况

【分析研判】

（1）从采集系统查看，该台区低压用户24户，无光伏发电上网，采集覆盖率和采集成功率均为100%，台区对应关系正确，基本排除系统计算因素影响。

（2）导出前期和近期的用户用电量清单比对分析，发现某用户日电量变化与台区线损电量变化呈反向关联，该用户 5 月 3 日用电量减少，5 月 4 日开始为零，与此同时台区线损率开始升高，且台区线损电量增加值与该用户前期用电量基本一致，初步判断疑存在计量故障或用户违约用电可能，需立即组织核查，如图 3-94 所示。

日期	局号(终端/表计)	TA	TV	表计自身倍率	正向有功总电量
2021-05-12	3330001000100291371554(表计)	1	1	1	18.97
2021-05-11	3330001000100291371554(表计)	1	1	1	17.77
2021-05-10	3330001000100164549257(表计)	1	1	1	0.01
2021-05-10	3330001000100291371554(表计)	1	1	1	23.87
2021-05-09	3330001000100164549257(表计)	1	1	1	0
2021-05-08	3330001000100164549257(表计)	1	1	1	0
2021-05-07	3330001000100164549257(表计)	1	1	1	0
2021-05-06	3330001000100164549257(表计)	1	1	1	0.05
2021-05-05	3330001000100164549257(表计)	1	1	1	0
2021-05-04	3330001000100164549257(表计)	1	1	1	0
2021-05-03	3330001000100164549257(表计)	1	1	1	8.78
2021-05-02	3330001000100164549257(表计)	1	1	1	17.78
2021-05-01	3330001000100164549257(表计)	1	1	1	17.09

图 3-94　该用户日电量变化与台区线损率变化呈反向关联

◢【现场核查】

2021 年 5 月 9 日工作人员前往现场核查，发现该用户电能表接线桩头已烧坏，但用户正常用电未受影响，确认现场电能表已停走，如图 3-95 所示。

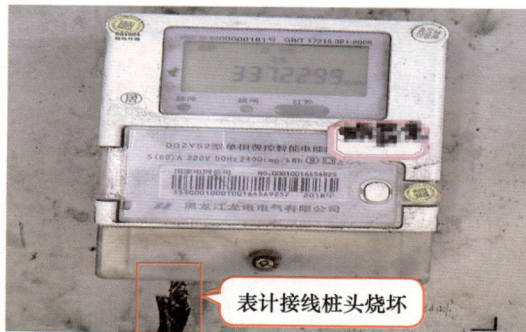

图 3-95　该用户电能表进线桩头烧坏拆回实图

◢【整改措施】

（1）现场检查人员与用户现场确认故障情况，并于 5 月 9 日当天发起计量装置故障流程，更换电能表。

（2）换表流程结束采集上线后，5 月 11 日以后台区线损率下降至 2.0% 左右，并持续保持稳定，如图 3-96 所示。

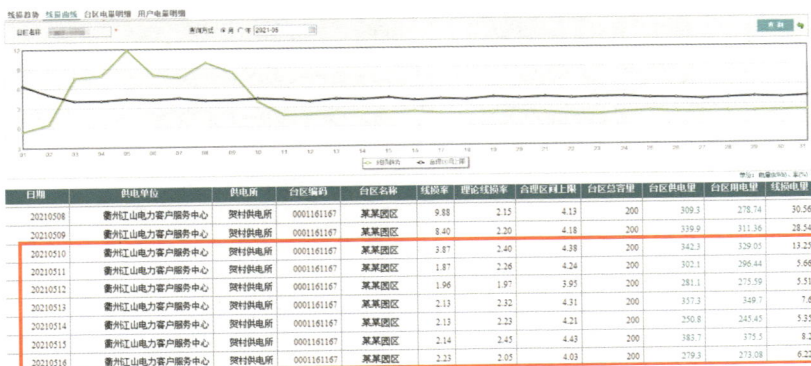

日期	供电单位	供电所	台区编码	台区名称	线损率	理论线损率	台区区间上限	台区总容量	台区供电量	台区用电量	线损电量
20210508	衢州江山电力客户服务中心	贺村供电所	0001161167	某某园区	9.88	2.15	4.13	200	309.3	278.74	30.56
20210509	衢州江山电力客户服务中心	贺村供电所	0001161167	某某园区	8.40	2.20	4.18	200	339.9	311.36	28.54
20210510	衢州江山电力客户服务中心	贺村供电所	0001161167	某某园区	3.87	2.40	4.38	200	342.3	329.05	13.25
20210511	衢州江山电力客户服务中心	贺村供电所	0001161167	某某园区	1.87	2.26	4.24	200	302.1	296.44	5.66
20210512	衢州江山电力客户服务中心	贺村供电所	0001161167	某某园区	1.96	1.97	3.95	200	281.1	275.59	5.51
20210513	衢州江山电力客户服务中心	贺村供电所	0001161167	某某园区	2.13	2.32	4.31	200	357.3	349.7	7.6
20210514	衢州江山电力客户服务中心	贺村供电所	0001161167	某某园区	2.13	2.23	4.21	200	250.8	245.45	5.35
20210515	衢州江山电力客户服务中心	贺村供电所	0001161167	某某园区	2.14	2.45	4.43	200	383.7	375.5	8.2
20210516	衢州江山电力客户服务中心	贺村供电所	0001161167	某某园区	2.23	2.05	4.03	200	279.3	273.08	6.22

图 3-96　该台区 2021 年 5 月 11 日起线损率恢复正常

◢【小结与建议】

（1）该案例故障主要是电能表接线桩头螺栓不够紧固，用电负荷增大后引起过度发热所致，实际工作中类似问题较为常见，应该引起高度重视。

（2）现场安装工作中，应加强电能计量装置安装质量管控，严格规范装接，接线桩头内外螺栓均应拧紧，确保接线桩头紧固。

案例 8　新装电能表内部故障不计量导致零电量

◢【案例描述】

线损治理小组发现，2022 年 2 月以来，新建投运半年多的某台区线损率一直在 6% 以上，线损电量在 35～60kWh 上下波动，几乎都高于理论线损值，如图 3-97 所示。

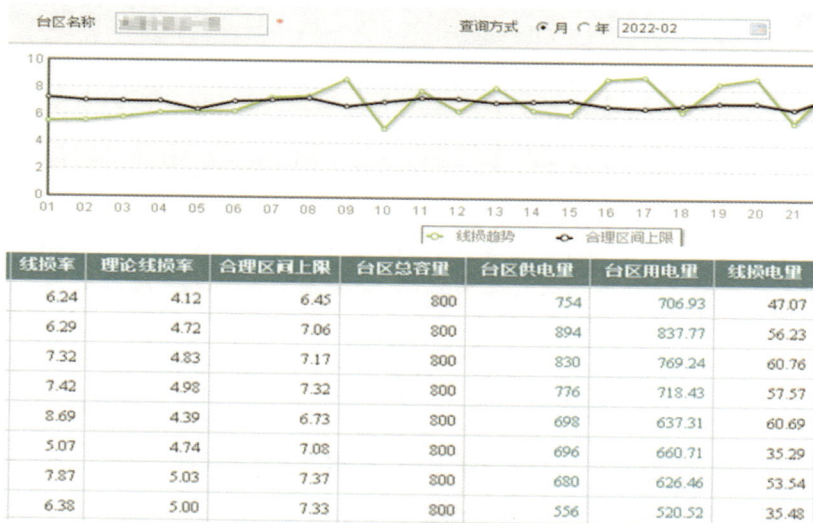

图 3-97 该台区 2022 年 2 月线损率变化情况

线损率	理论线损率	合理区间上限	台区总容量	台区供电量	台区用电量	线损电量
6.24	4.12	6.45	800	754	706.93	47.07
6.29	4.72	7.06	800	894	837.77	56.23
7.32	4.83	7.17	800	830	769.24	60.76
7.42	4.98	7.32	800	776	718.43	57.57
8.69	4.39	6.73	800	698	637.31	60.69
5.07	4.74	7.08	800	696	660.71	35.29
7.87	5.03	7.37	800	680	626.46	53.54
6.38	5.00	7.33	800	556	520.52	35.48

◢【分析研判】

（1）从用电信息采集系统查看，该台区共有 152 户，台区新投运 8 个多月，台区供电量 700kWh 左右，线损异常变化前后总用户数未发生变动，核对用户档案，未发现户变关系错误，且采集覆盖率为 100%，采集成功率为 100%，未发现影响线损计算的情况。

（2）该台区为 2021 年新建投运的供电设施，低压线路为纯电缆线路，且线损电量起伏较大，漏电的可能性基本可排除。此前工作人员现场检查了该台区所有低压分接箱，未发现有私接用电的现象，检查所有集中安装的表箱，表箱内电能表接线正确，所有电能表封印均正常，基本排除了违约用电的可能性。

（3）按照经验，新建投运的纯电缆线路台区，用电负荷正常的情况下，一般线损率应在 2% 以下，该台区线损率居高不下，应该存在较为隐蔽的影响线损的其他因素。

（4）线损治理小组决定运用线损排专用设备，采用分段计算的原理，组织现场检测分析，逐步缩小排查的范围。

◢【现场核查】

（1）2022年2月19日，工作人员将该台区以每路出线分支电缆为单元，运用低压线损测试仪，在配电室总出线和各路分支出线处分别挂设设备，进行分段检测计量，计算分路分段线损，如图3-98所示。

图3-98　现场挂接低压线损测试仪

（2）经过检测数据比对，发现8号楼2单元分接箱的总出线的冻结电量与下面挂接19只电能表的合计电量存在明显的差异，试算该路线损电量为46.9kWh，线损率高达45.28%。

（3）通过上述测试分析，可以判断影响台区线损的关键问题出在上述19只电能表对应的用户中。

（4）继续对上述19户中零电量的电能表逐一进行仔细检查，用钳形电流表检测每户电能表的实际进出线电流，发现一只资产编号尾号为"5204"的电能表实测电流为8.47A，但电能表轮显电流却为零，如图3-99所示。

图 3-99 现场实测电流与电能表上显示电流不一致

（5）经与用户确认家中用电情况，日常正常用电，估算其用电量基本与线损电量吻合，可以判断引起该台区线损高的主要原因就是该电能表故障所致。

【整改措施】

（1）现场检查人员当场告知用户核查情况，并与用户现场确认故障事实，拟更换电能表。

（2）台区经理于 2 月 22 日安排发起计量装置故障流程，更换电能表。

（3）2021 年 2 月 24 日台区线损电量降至 6.87kWh，线损率为 1.28%，此后持续稳定在 2% 以内，如图 3-100 所示。

图 3-100 电能表故障处理前后台区线损率曲线

◢【小结和建议】

（1）日常监控台区线损，发现线损电量明显波动时，应及时通过采集系统数据分析，研判异常原因，确定正确排查方向。

（2）可以借助辅助检测设备，分路分段测试线损情况，缩小排查范围，提高排查治理效率。

案例 9　电能表水淹后电流电压显示正常但电量不计量

◢【案例描述】

2022 年 7 月中旬线损治理小组发现，某台区 7 月份线损率明显超出"一台区一指标"合理区间上限，且波动幅度很大，最高时达到 13.78%，日线损率高低差值超过 5 个百分点，6 月份以前基本稳定在 5% 以下，需尽快查明原因，如图 3-101 所示。

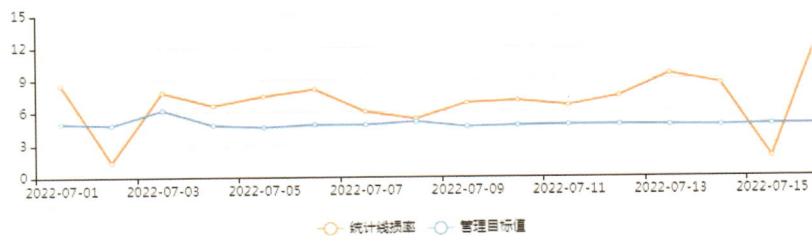

台区容量	台区供电量	台区用电量	线损电量	线损率
400	957.16	825.31	131.85	13.78
400	928.24	912.32	15.92	1.72
400	987.69	903.41	84.28	8.53
400	1045.62	946.96	98.66	9.44
400	1003.43	929.39	74.04	7.38
400	944.28	882.75	61.53	6.52
400	956.44	889.66	66.78	6.98
400	900.03	839.14	60.89	6.77

图 3-101　某台区 2022 年 7 月中旬线损率变化情况

【分析研判】

（1）该台区为农村架空线路供电台区，共有低压用户 56 户，光伏发电上网 3 户，采集覆盖率和采集成功率均保持 100%，核查上网电量关口设置未发现异常，采集电量正常，近几个月台区用户数未发生变化，未发现影响线损率计算因素。

（2）导出 5 月份开始至今不同日期的台区用户用电量清单进行比对，发现某用电量较大用户 6 月 20 日开始出现持续零电量，怀疑存在电能表故障或违约用电情况。

（3）继续核查该用户实时用电负荷数据，发现分时电流、电压和瞬时有功功率正常，但日正向有功总电量却为零，而分时电量值离奇异常，前后多日均如此，需立即组织现场核查，如图 3-102 所示。

日期	资产编号	瞬时有功	瞬时无功	A相电流	B相	C相	零线	A相电压
2022-07-11 23:00:00	0001000899	2.1055		9.148			9.246	229.0
2022-07-11 22:45:00	0001000899	2.4270		10.780			10.802	227.7
2022-07-11 22:30:00	0001000899	2.4107		10.674			10.749	227.3
2022-07-11 22:15:00	0001000899	2.1697		9.581			9.600	227.5
2022-07-11 22:00:00	0001000899	3.3865		15.464			15.394	225.8

日期	电能表资产编号	正向有功总（kWh）	尖（kWh）	峰（kWh）	平（kWh）	谷（kWh）	反向有功总（kWh）
2022-07-14	00010008991	70000	73700	71404.03	30737.22	220714.04	60707
2022-07-13	00010008991	70000	74300	71303.03	30743.22	220713.03	60707
2022-07-12	00010008991	70000	95400	71202.03	30954.22	220712.02	60707
2022-07-11	00010008991	70000	95400	71101.03	30954.22	220711.01	60707
2022-07-10	00010008991	70000	95600	71000.03	30956.22	220710	60707

日期	资产编号	计量点编号	计量点用途	正向有功总电量(kWh)	尖电量（kWh）	峰电量（kWh）
2022-07-14	0001000899	00031126005	售电侧结算			
2022-07-13	0001000899	00031126005	售电侧结算	0	-600	101
2022-07-12	0001000899	00031126005	售电侧结算	0	-21100	101
2022-07-11	0001000899	00031126005	售电侧结算	0	0	101
2022-07-10	0001000899	00031126005	售电侧结算	0	-200	101
2022-07-09	0001000899	00031126005	售电侧结算	0	-9600	94

图 3-102 该用户日负荷与抄表数据日电量对比图

▲【现场核查】

（1）7月18日，工作人员携带工具盒仪器前往现场核查，表箱外观正常，封印完整，开箱后检查该用户电能表外观和接线均未发现异常。

（2）检查液晶显示数据，电能表电流、电压与现场实测数据一致，也与系统采集数据相符，脉冲灯闪烁正常，但正向有功总电量却保持不变，确认电能表故障。

（3）经与用户交流，得知上个月此处曾因暴雨导致积水，水淹至表箱处，水退后正常用电未受影响，故未报修。再次检查紧挨相邻安装的电能表，计量正常，如图 3-103 所示。

图 3-103　电量异常用户电能表安装现场

▲【整改措施】

确认电能表故障后，随即安排更换，流程结束采集上线后，7月21日开始台区线损率恢复正常，如图 3-104 所示。

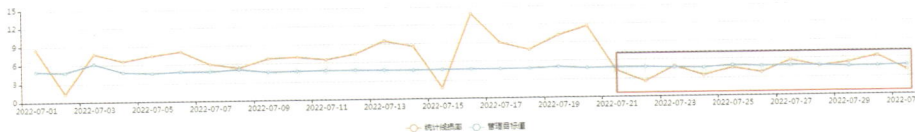

图 3-104　该户故障表更换后台区线损率恢复稳定

▲【小结和建议】

（1）加强系统监控，线损电量明显波动时，应及时通过用电信息采集系统分析研判异常原因，确定正确排查方向。

（2）现场核查时，应认真全面测量实时数据，与电能表显示数据比对，确认是否存在异常，不放过细节。

第四节　计量装置安装工艺质量类案例

案例 1 新装时联合接线盒电流连接片短接导致电量少计

▲【案例描述】

线损治理小组发现，某台区 2021 年 7 月 19 日之前，台区线损率在合理区间上下波动，从 7 月 1 日至 19 日数据可见，台区最大日线损率 4.03%，最大日损失电量 68.80kWh，如图 3-105 所示。

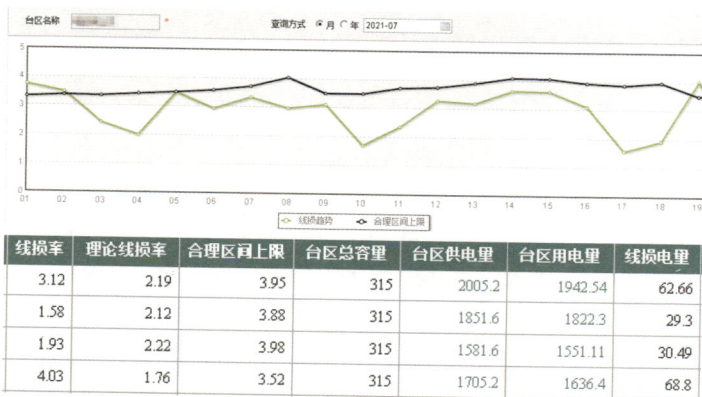

线损率	理论线损率	合理区间上限	台区总容量	台区供电量	台区用电量	线损电量
3.12	2.19	3.95	315	2005.2	1942.54	62.66
1.58	2.12	3.88	315	1851.6	1822.3	29.3
1.93	2.22	3.98	315	1581.6	1551.11	30.49
4.03	1.76	3.52	315	1705.2	1636.4	68.8

图 3-105　该台区 7 月 1 日至 19 日的线损率情况

▲【分析研判】

（1）该台区供电采用纯电缆线路方式。从系统查看，台区内共有低压用户81户，且采集覆盖率为100%，采集成功率为100%，无光伏发电上网户，用户数量未出现变化，未发现影响线损计算因素。

（2）核查周边相邻台区数据，未发现有线损异常。同时段内也未出现电能表数量变动，且采集成功率100%。

（3）台区线损率在合理区间上下波动，计量装置故障、用户违约用电等问题，需重点核查。

（4）比对分析台区内电能表日用电量的变化情况，在核查配置TA的三相电能表负荷数据时，发现有1只三相电能表从2020年5月6日办理增容后一直电量较小，系统显示电能表的三相一次电流数值为0.44、0.08、0A，需重点核查，如图3-106所示。

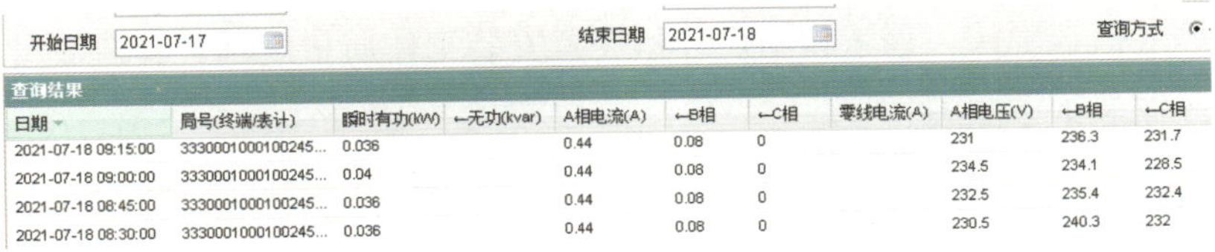

开始日期	2021-07-17		结束日期	2021-07-18			查询方式		
查询结果									
日期 ▾	局号(终端/表计)	瞬时有功(kW)	←无功(kvar)	A相电流(A)	B相	C相	零线电流(A)	A相电压(V)	B相	C相
2021-07-18 09:15:00	33300001000100245…	0.036		0.44	0.08	0		231	236.3	231.7
2021-07-18 09:00:00	33300001000100245…	0.04		0.44	0.08	0		234.5	234.1	228.5
2021-07-18 08:45:00	33300001000100245…	0.036		0.44	0.08	0		232.5	235.4	232.4
2021-07-18 08:30:00	33300001000100245…	0.036		0.44	0.08	0		230.5	240.3	232

图 3-106　某用户三相电能表负荷数据情况

（5）台区内共有"0电量"的用户30户，需重点核查。

经初步研判，治理该台区线损率异常，重点应现场核查计量装置、违约用电等方面问题。

▲【现场核查】

（1）携带台区内用户电能表清单，组织现场核查，未发现用户违约用电，未发现"0电量"用户的电能表有损坏和异常。

（2）当核查上述分析研判的三相电能表时，发现该三相电能表联合接线盒内的 A、B、C 三相电流连接片处在短接状态，接线盒上铅封完好。实测三相一次电流数值分别为 4.5、9.28、11.04A，二次电流则几乎接近为零，所以电能表只能计量出少量的电量，如图 3-107 所示。

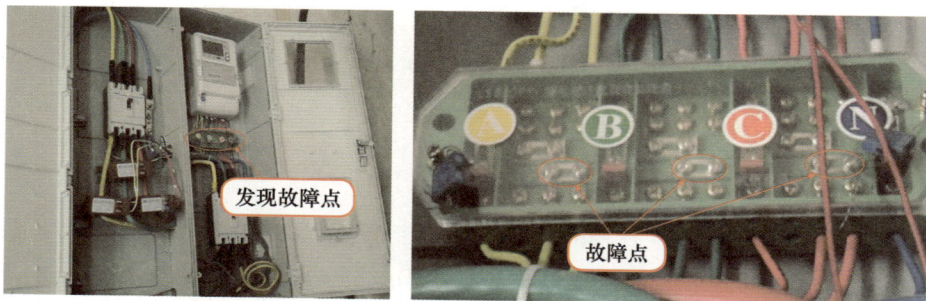

图 3-107 A、B、C 三相的连接片短接（异常点）实图

综上核查确认，该三相用户计量装置安装工作质量问题，是造成台区出现大线损的主要原因。

【整改措施】

（1）查明原因后，线损治理小组人员即通知客户经理，与用户确认计量异常事实情况，并告知相关补收电量电费事宜。

（2）客户经理会同装接人员，整改恢复计量装置联合接线盒电流连接片的正常工作状态。计量装置整改前、后三相电能表的一次电流变化情况，如图 3-108 所示。

（3）恢复正确接线状态后，7 月 21 日开始，台区日线损电量 17kWh 左右，日线损率在 1.2% 左右，并保持稳定，如图 3-109 所示。

开始日期	2021-07-19			结束日期	2021-07-20			

日期 ▼	局号(终端/表计)	瞬时有功(kW)	←无功(kvar)	A相电流(A)	←B相	←C相	零线电流(
2021-07-20 09:30:00	3330001000100245...	4.036		6.68	1.24	12.64	
2021-07-20 09:15:00	3330001000100245...	1.556		6.96	0.8	0.44	
2021-07-20 09:00:00	3330001000100245...	1.508		6.8	0.8	0.44	
2021-07-20 08:45:00	3330001000100245...	1.224		5.44	0.72	0.36	
2021-07-20 08:30:00	3330001000100245...	1.792		8.08	0.92	0.52	
2021-07-20 08:15:00	3330001000100245...	1.408		5.44	1.16	0.52	
2021-07-20 08:00:00	3330001000100245...	2.988		12.4	1.52	0.8	
2021-07-20 07:45:00	3330001000100245...	0.036		0.44	0.12	0	
2021-07-20 07:30:00	3330001000100245...	0.04		0.44	0.12	0	

图 3-108 三相电能表错误接线治理前后电流变化情况

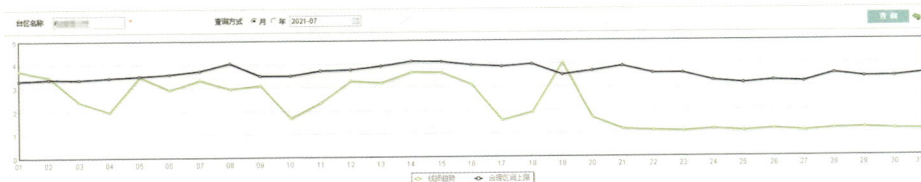

图 3-109 台区治理前后线损率变化情况

◢【小结和建议】

（1）该用户在办理增容过程中，安装人员在完成计量装置安装后，未认真检查接线情况，未将临时短接的联合接线盒上电流连接片恢复至正常运行状态，是造成较长时间少计电量的关键原因，是较为典型的工作质量问题。

（2）在新装、增容或计量装置更换业务中，配置互感器的计量装置安装时，电流连接片短接、二次线接反等错接线问题时有发生，在台区线损分析研判环节中，要充分利用电信息采集系统数据信息，重点分析配置电流互感器计量用户的负荷数据情况，高效研判锁定问题点。

（3）计量装置安装完毕，应严格按照安装规范要求，检查各环节安装质量，如接线桩头上的螺栓是否紧固，电流、电压连接片是否在正确位置，电能表、电流互感器、接线盒上铅封是否施封到位等。

（4）装接人员应加强对新装、增容用户用电情况的事后监控、跟踪，及时发现自身工作中的异常问题。同时，对相关人员工作质量问题进行经济责任制考核。

案例 2 **安装时联合接线盒一相电流桩头螺栓未拧紧导致电量少计**

◢ 【案例描述】

线损治理小组发现，某台区 2021 年 9 月 15 日之前，台区线损率在合理区间上下波动明显，从 9 月 1 日至 15 日数据可见，台区最大日线损率达 6.69%，最大日损失电量 79.99kWh，如图 3-110 所示。

台区名称	线损率	理论线损率	合理区间上限	台区总容量	台区供电量	台区用电量	线损电量
某某公变	4.72	1.89	3.65	315	1488	1417.78	70.22
某某公变	5.16	1.84	3.6	315	1551.6	1471.61	79.99
某某公变	4.27	2.16	3.92	315	1375.2	1316.48	58.72
某某公变	3.79	1.75	3.5	315	1054.8	1014.8	40
某某公变	6.69	1.84	3.6	315	1170	1091.71	78.29

图 3-110　某台区 9 月 1 日至 15 日的线损率变化情况

【分析研判】

（1）该台区供电方式采用电缆和架空线混合线路。从采集系统查看，该台区线损变化前后用户电能表数量未出现变化，采集覆盖率为100%，采集成功率为100%，未发现影响台区线损计算的因素。

（2）查看周边相邻台区线损率，均较为稳定，未发现异常。同时段内也未发现相邻台区电能表数量变动，基本排除户变对应关系错误因素。

（3）台区线损率处于合理区间上下波动，用户违约用电和计量装置故障的概率较大，需重点核查。

（4）因线损电量较大，故重点对三相用户进行分析研判。比对分析该台区三相用户用电负荷的变化情况后，发现1只三相电能表B相一次电流持续在0.06A以下，需重点核查，如图3-111所示。

开始日期 2021-09-13			结束日期 2021-09-16				查询方式		

查询结果									
日期 ▼	局号(终端/表计)	瞬时有功(kW)	←无功(kvar)	A相电流(A)	←B相	←C相	零线电流(A)	A相电压(V)	←B相	←C相
2021-09-16 09:30:00	3330001000100245...	2.704		5.18	0.04	7.36	0	220.8	227.2	226.8
2021-09-16 09:15:00	3330001000100245...	2.54		8.36	0.04	3.78	0	226.3	224.8	225
2021-09-16 09:00:00	3330001000100245...	3.434		8.56	0	7.36	0	223.7	228.7	224.2
2021-09-16 08:45:00	3330001000100245...	2.486		8.46	0.06	3.62	0	222.1	228.4	226.6

图3-111　1只三相电能表B相一次电流偏小

（5）台区内共有"0电量"的用户21户，也需重点核查。

【现场核查】

（1）打印并携带台区供电用户清单，组织现场核查，未发现用户违约用电情况。

（2）当核查上述分析研判的疑似异常三相电能表时，实测发现B相一次电流为20.9A，但电能表B相却显示数值"0.008"A，如图3-112所示。

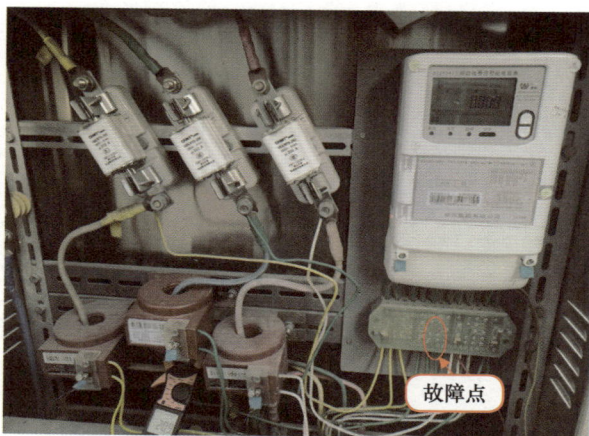

图 3-112　三相电能表显示 B 相电流与一次侧检测电流不符

（3）再检查 B 相电流互感器二次接线，发现联合接线盒电流线螺栓明显松动，拧紧后电能表显示电流明显增大，基本确认因装接质量问题导致该三相电能表 B 相电量少计。

（4）对其他 21 户零电量用户进行检查，未发现异常。

【整改措施】

（1）工作人员现场告知用户计量装接异常情况，并会同客户经理与用户进行确认，安排后续补收电量电费手续。

（2）现场处理后，系统查询该户电能表 B 相电流，恢复正常，如图 3-113 所示。

开始日期	2021-09-13		结束日期	2021-09-17			查询方式	⊙ 一
查询结果								
日期 ▼	局号(终端/表计)	瞬时有功(kW)	无功(kvar)	A相电流(A)	←B相	←C相	零线电流(A)	A相电压(V)	←B相	←C相
2021-09-17 09:30:00	33300001000100245...	7.1		9.34	10.82	11.6	0	225.1	231.1	230.6
2021-09-17 09:15:00	33300001000100245...	5.258		8.72	3.62	11.58	0	225.7	231.2	230.2
2021-09-17 09:00:00	33300001000100245...	8.336		8.74	17.24	11.28	0	226.1	229.8	230.9
2021-09-17 08:45:00	33300001000100245...	8.226		8.88	10.36	17.48	0	225.8	230.5	230
2021-09-17 08:30:00	33300001000100245...	8.246		8.46	19.94	8.76	0	223.9	226.1	235

图 3-113　处理后三相电能表 B 相一次电流情况

（3）该用户计量装置异常处理后，2021 年 9 月 17 日开始日均线损率在 1% 左右，日均损失电量 10kWh 左右，并保持稳定，如图 3-114 所示。

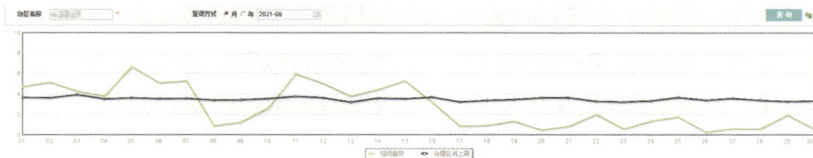

图 3-114　该台区治理前后线损率变化情况

◢【 小结和建议 】

（1）该用户计量装置安装时，未按 Q/GDW/ZY 00016—2012《经互感器接入式低压电能计量装置装拆及验收标准化作业指导书》要求，未能做到安装电能表时，所有导线应连接牢固，螺栓拧紧。

（2）由于前期该用户总用电量不大，台区线损电量值不高，线损率虽有波动，但未引起重视，影响了处理的及时性。

（3）计量装置安装完毕，应严格按照安装规范要求，检查各环节安装质量。如接线桩头上的螺栓是否紧固，电流、电压连接片是否在正确位置，电能表、电流互感器、接线盒上铅封是否施封到位等。

（4）装接人员应加强对新装、增容用户用电情况的事后监控、跟踪，及时发现自身工作中的异常问题。同时，对相关人员工作质量问题严格考核。

案例 3　电能表一相电流接线桩头松动导致电量少计

◢【 案例描述 】

某台区自 2020 年以来，台区线损率一直不稳定，基本超出合理区间上限。从 2021 年 8 月 1 日至 11 日的数据可见，台区最大日线损率达 9.52%，最大日损失电量 56.36kWh，如图 3-115 所示。线损治理小组多次分析排查均未查明原因，列为重点治理清单。

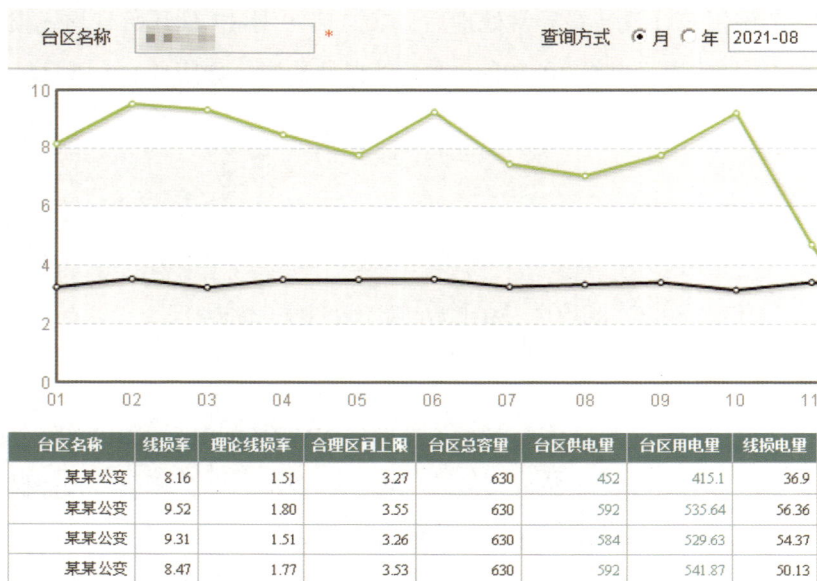

台区名称	线损率	理论线损率	合理区间上限	台区总容量	台区供电量	台区用电量	线损电量
某某公变	8.16	1.51	3.27	630	452	415.1	36.9
某某公变	9.52	1.80	3.55	630	592	535.64	56.36
某某公变	9.31	1.51	3.26	630	584	529.63	54.37
某某公变	8.47	1.77	3.53	630	592	541.87	50.13

图 3-115　某台区 8 月 1 日至 11 日的线损率变化情况

◢【分析研判】

（1）该台区采用纯电缆线路方式供电，台区内共有低压用户 56 户，且采集覆盖率和采集成功率 100%。2021 年 7 月，线损治理人员组织过一次全面核查，未发现用户违约用电，未查明原因。

（2）比对分析台区内所有用户日用电量的变化，未发现明显异常。

（3）考虑组织力量，打开台区内各电缆井实测每条低压电缆线路的漏电情况。

（4）计划组织白天、夜间分时段实测电能表负荷数据，即按台区电能表清单实测 32 只"0 电量"电能表的计量是否正常。

（5）某三相用户 A 相电流偏小，计划再次实测检查。配置电流互感器的用户负荷数据如图 3-116 所示。

开始日期	2021-08-09		结束日期	2021-08-10		查询方式

查询结果

日期 ▼	局号(终端/表计)	←瞬时有功(kW)	←无功(kvar)	A相电流(A)	←B相	←C相	零线电流(A)	A相电压(V)	←B相	←C相
2021-08-10 09:30:00	33101010593011160...	10.65	1.04	30.14	17.72			225.5	225.2	224.7
2021-08-10 09:15:00	33101010593011160...	9.808	1.06	36.24	7.72			226.2	226	226.1
2021-08-10 09:00:00	33101010593011160...	7.102	0.52	24.44	7.82			226.6	226.5	226.2
2021-08-10 08:45:00	33101010593011160...	10.08	0.72	34.9	13.44			227.7	227.3	227

图 3-116 配置电流互感器的用户负荷数据

◢【现场核查】

（1）8 月 11 日组织现场核查，实测台区内每条低压电缆线路的漏电情况，均无异常。

（2）实测 32 只"0 电量"电能表的负荷数据，未发现电能表计量异常。

（3）当再次核查经互感器接入的三相电能表时，发现 A 相实测一次电流达 4.6A 左右，但电能表上 A 相显示数值依然为"0.04"A，与系统采集的数据基本一致。开盖检查接线，发现联合接线盒与电能表间的电流线接线桩头松动，紧固后电能表显示电流随即增加，确认该三相电能表 A 相电流异常，少计电量。三相电能表用户计量装置实图如图 3-117 所示。

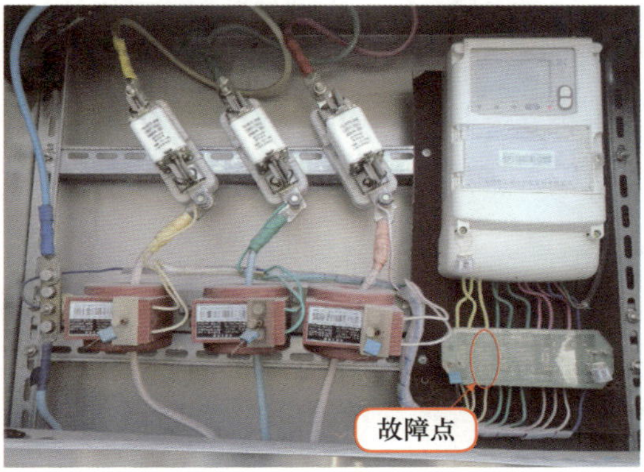

图 3-117 三相电能表用户计量装置实图

（4）经进一步了解，前两次核查未查明台区大线损原因，是因为该三相用户原来白天几乎不用电，基本在晚上才用电，所以工作时间现场实测无法有效判别。而再次去现场核查时，该三相用户已将房屋出租给一家单位使用，白天用电量较大，所以在实测中发现了该三相电能表 A 相少计量问题。

◀【整改措施】

（1）线损治理小组会同计量运维人员，当场完成该三相电能表 A 相接线整改紧固，并对其他接线同步检查确保紧固到位。A 相恢复正常计量后，A 相电流变化情况如图 3-118 所示。

开始日期	2021-08-09		结束日期	2021-08-11					查询方式	⊙

查询结果

日期 ▾	局号(终端/表计)	瞬时有功(kW)	←无功(kvar)	A相电流(A)	←B相	←C相	零线电流(A)	A相电压(V)	←B相	←C相
2021-08-11 13:30:00	3310101059301160…	4.554		9.32	9.24	3.64		226.3	226.6	225.7
2021-08-11 13:15:00	3310101059301160…	4.6		5.98	13.16	3.72		227.4	227.2	226.7
2021-08-11 13:00:00	3310101059301160…	4.818		0.54	18.42	4.04		227	226.5	226.2
2021-08-11 12:45:00	3310101059301160…	4.758		0.56	18.34	3.78		226.5	225.8	225.3

图 3-118 该三相电能表 A 相处理前后电流变化情况

（2）联系用户确认计量异常情况，并办理补收电量（电费）手续。

（3）计量异常处理完成后，8 月 12 日开始，台区日均线损率下降至 1.0% 左右，日均损失用电量 5.0kWh 左右，并保持稳定，如图 3-119 所示。

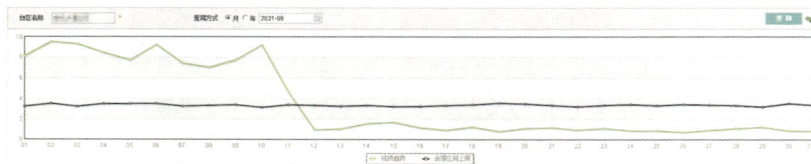

图 3-119 8 月份治理前后台区线损率变化情况

◀【小结和建议】

（1）该用户计量装置安装时，未按 Q/GDW/ZY 00016—2012《经互感器接入式低压电能计量装置装拆及验收标准化作业指导书》要求，未能做到安装计量装置时，所有导线应连接牢固，螺栓拧紧。

（2）多次现场核查，未能发现异常原因，关键是用户用电时段较为特殊，基本在非工作时间段的晚间，掩盖了电流线松动造成少计电量的真实情况，很容易疏忽。类似问题可以通过采集系统峰谷电量对照加以研判，安排晚间时段现场核查。

（3）对线损异常台区要持续加强监控，坚持不懈跟踪分析，逐项排查可能影响线损的因素。该台区历经半年的持续关注和分析排查，终于查明原因，治理到位。

案例 4　多只单相表之间中性线串接断线后导致电量少计

◢【案例描述】

线损治理小组发现，某台区自 2021 年 11 月 9 日开始，台区线损率突然超出合理区间上限，线损电量大幅度增加，从 11 月 1 日至 23 日数据可见，台区最大日线损率达 11.59%，最大日损失电量达 166.72kWh，如图 3-120 所示。

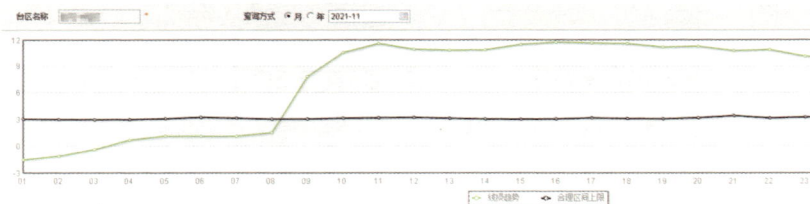

线损率	理论线损率	合理区间上限	台区总容量	台区供电量	台区用电量	线损电量
1.13	1.45	3.2	630	1276	1261.58	14.42
1.52	1.33	3.09	630	1316	1295.95	20.05
7.85	1.35	3.11	630	1410	1299.34	110.66
10.55	1.45	3.2	630	1518	1357.86	160.14
11.59	1.48	3.23	630	1438	1271.28	166.72

图 3-120　该台区 11 月 1 日至 23 日的线损率变化情况

◢【分析研判】

（1）该台区供电方式采用纯电缆线路。从系统查看，台区线损变化前后共有低压用户 189 户，无光伏发电上网，采集覆盖率为 100%，采集成功率为 100%，未发现影响台区线损计算的其他因素。

（2）核查周边相邻台区，未发现有线损异常情况。同时段内也未出现相邻台区电能表数量变动，基本排除户变关系错误可能。

（3）因线损电量较大，存在线路漏电和大容量用户违约用电可能性，需组织现场核查确认。

（4）该台区路灯用电量较大，比对分析台区内各电能表日用电量的变化情况，发现 3 只路灯电能表日用电量变化与台区日线损率变化有明显关联。台区线损率在 1.50% 以下时，3 只路灯电能表日均用电量合计约为 178.29kWh，台区线损率在 10.00% 以上时，3 只路灯电能表日均用电量合计为 86.67kWh，日均减少用电量为 91.62kWh，如图 3-121 所示。按照正常情况，路灯用电量较为稳定，疑似存在问题。

户号	户名	地址	表计局号	1%	1.15%	1.50%	10%	10.80%	11.10%
7611528806	葛某某	某某春苑小区3幢4单元702	33101010206010795	1.98	2.84	3.34	5.32	3.29	2.14
7618003895	路灯	某某4幢东边	333000100010026997	163.03	177.02	54.25	0	0	0
7618003896	路灯	某某4幢东边	333000100010026997	85.28	40.23	12.01	54.73	55.79	53.74
7618003897	路灯	某某4幢东边	333000100010001326		2.41	0.65	32.32	33.16	30.26
7618031135	周某某	某某小区7幢一单元101室	33101010206010815	1.88	2.19	1.94	1.99	1.95	2.14
7618031136	付某某	某某小区7幢一单元102室	333000100010004255	1.32	0.85	1.14	1.14	0.93	0.84

图 3-121　3 只路灯电能表用电量及台区线损率对比图

（5）从用电信息采集系统中查看 3 只路灯电能表负荷数据，发现 3 只电能表电压分别为 200、430、310V 左右，电压异常，需现场重点核查。

综上初步研判，该台区线损率突然增大问题，重点应现场核查 3 户路灯用户的计量装置，排查漏电、违约用电等方面问题。

◢【现场核查】

（1）11 月 25 日工作人员携带打印的台区供电用户清单，组织现场核查。实测公用变压器各路出线电缆漏电情况，未发现线路漏电问题。

（2）巡视台区供电区域的小区周边，未发现有基建施工等大容量设备用户违约用电现象。

（3）仔细核查用电量异常的 3 只路灯电能表，发现 3 只路灯电能表安装于小区同一路灯控制箱内，查看 3 只单相电能表上的电压数据分别显示 306.0、201.3、434.1V，与上述分析时的系统数据基本一致，如图 3-122 所示。

图 3-122　3 只路灯电能表电压数据显示实景图

进一步仔细核查 3 只路灯电能表接线，发现 3 只路灯电能表中性线采用串联方式，而电能表中性线与接线排连接线呈断开状态，即相当于 3 只电能表均未接入中性线。基本确认接线异常导致 3 只路灯电能表少计量，是台区突然出现大线损的主要原因。

◢【整改措施】

（1）线损治理小组现场联系低压客户经理，并同时联系市亮化中心路灯运行维护人员，共同到现场确认核查情况。

（2）路灯运行维护人员到场后，确认中性线断开是此前维修路灯接表后线时不慎弄断，认可少计电量实事。

（3）在双方工作人员确认情况，并约定办理补收电量电费后，立即整改恢复 3 只电能表的正确接线，并施封印。

（4）事后经系统核查，上述路灯电能表电压、电流均恢复正常。用户 ***8003895 和用户 ***8003896 的电能表负荷数据截图如图 3-123 和图 3-124 所示。

开始日期	2021-11-24			结束日期	2021-11-25				
查询结果									
日期 ▾	局号(终端/表计)	瞬时有功(kW)	←无功(kvar)	A相电流(A)	←B相	←C相	零线电流(A)	A相电压(V)	
2021-11-25 18:30:00	3330001000100269...	0.3997		2.348			0	226.4	
2021-11-25 18:15:00	3330001000100269...	0.397		2.349			0	225.5	
2021-11-25 17:30:00	3330001000100269...	0.0689		0.208			0	443.8	
2021-11-25 14:00:00	3330001000100269...	0		0			0	442.1	

图 3-123　用户 ***8003895 的电能表负荷数据截图

开始日期	2021-11-25			结束日期	2021-11-26				
查询结果									
日期 ▾	局号(终端/表计)	瞬时有功(kW)	←无功(kvar)	A相电流(A)	←B相	←C相	零线电流(A)	A相电压(V)	
2021-11-25 18:30:00	3330001000100269...	6.3881		28.446			0	225.5	
2021-11-25 18:15:00	3330001000100269...	0		0			0	226	
2021-11-25 17:30:00	3330001000100269...	15.39		100.992			0	337.4	
2021-11-25 14:00:00	3330001000100269...	0		0			0	321.8	

图 3-124　用户 ***8003896 的电能表负荷数据截图

（5）计量异常处理完成后，2021 年 12 月台区日均线损率在 1.85% 左右，日均损失电量 33kWh 左右，并保持稳定，如图 3-125 所示。

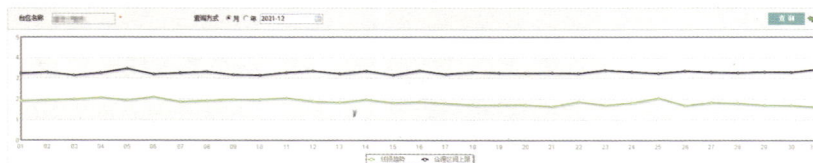

图 3-125　2021 年 12 月线损率情况

◢【小结和建议】

（1）该案例中路灯电能表安装不规范的问题较为典型，主要包括未采用专用计量箱，与路灯控制设备共用箱体；接线不规范，采用共用中性线方式；布线、接线工艺质量差，连接部位不紧固等，此类问题应举一反三，组织排查并落实整改计划。

（2）加强台区线损日常管控，发现异常波动，充分利用采集系统数据信息，认真分析研判，提高排查治理效率。

（3）加强采集系统数据监控，发现系统用电异常信息及时安排现场排查确认，避免随意处置归档现象。

案例 5　发电电能表与上网电能表安装错位导致计量数据异常

◢【案例描述】

2020年10月线损治理小组发现，某台区线损率一直较为稳定，2020年10月24日起台区线损率突然为负，如图3-126所示。

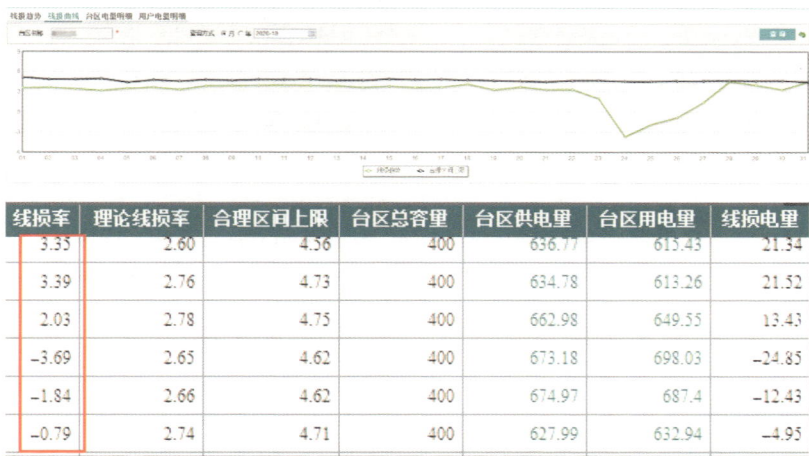

线损率	理论线损率	合理区间上限	台区总容量	台区供电量	台区用电量	线损电量
3.35	2.60	4.56	400	636.77	615.43	21.34
3.39	2.76	4.73	400	634.78	613.26	21.52
2.03	2.78	4.75	400	662.98	649.55	13.43
−3.69	2.65	4.62	400	673.18	698.03	−24.85
−1.84	2.66	4.62	400	674.97	687.4	−12.43
−0.79	2.74	4.71	400	627.99	632.94	−4.95

图 3-126　该台区 2020 年 10 月 24 日起出现负线损

▲【分析研判】

（1）从用电信息采集系统查看，该台区线损异常变化前后总用户 227 户未发生变动，采集覆盖率为 100%，采集成功率为 100%，未发现影响线损计算的其他情况。核查台区关口电量、负荷情况，采集数据均无异常。

（2）该台区有多户光伏发电并网用户，检查该台区近期营销系统相关流程，发现某用户 10 月 22 日刚刚完成光伏新装流程，属于自发自用余电上网方式，时间基本与线损率异常时间点吻合，需进一步核查分析。

（3）继续通过用电信息采集系统核查该光伏用户电量数据，发现两个问题，一是发电关口电能表抄表数据异常，该表显示反向有功抄表数据每日明显增加，正向有功抄表数据也不同幅度增加，如图 3-127 所示。正常情况下，发电关口电能表发电量应记录在正向抄表数据中，反向抄表数据极少（主要为逆变器夜间所消耗）。二是余电上网关口表同时也是用电计量电能表，只有正向抄表数据，反向抄表数据均为 0，如图 3-128 所示。上述现象疑似现场安装时，将发电电能表与上网电能表互换错位，需立即安排现场核查。

日期 ▼	局号(终端/表计)	正向有功总(kWh)	←尖	←峰	←平	←谷	反向有功总(kWh)	←尖
2020-10-31	33300010001002254909602(表计)	86.7	0	78.75	0	7.94	76.98	0
2020-10-30	33300010001002254909602(表计)	58.65	0	51.56	0	7.08	76.98	0
2020-10-29	33300010001002254909602(表计)	50.99	0	44.1	0	6.88	76.97	0
2020-10-28	33300010001002254909602(表计)	24.82	0	18.7	0	6.12	76.97	0
2020-10-27	33300010001002254909602(表计)	11.59	0	6.36	0	5.23	68.83	0
2020-10-26	33300010001002254909602(表计)	9.4	0	5.46	0	3.94	53.1	0
2020-10-25	33300010001002254909602(表计)	5.29	0	2.93	0	2.36	31.99	0
2020-10-24	33300010001002254909602(表计)	1.82	0	1.5	0	0.32	5.98	0

查询结果:【符号 "←"含义为参见左列】

自发自用余电上网，发电表计应取正向电量，但新装后反向电量非正常增长

图 3-127　某用户 10 月 24 日起反向电量非正常增加

图 3-128　某用户并网发电后上网电量无增长

▲【现场核查】

（1）2020 年 10 月 27 日，工作人员组织现场核查，确认发电关口电能表与上网关口电能表安装错位，如图 3-129 所示。

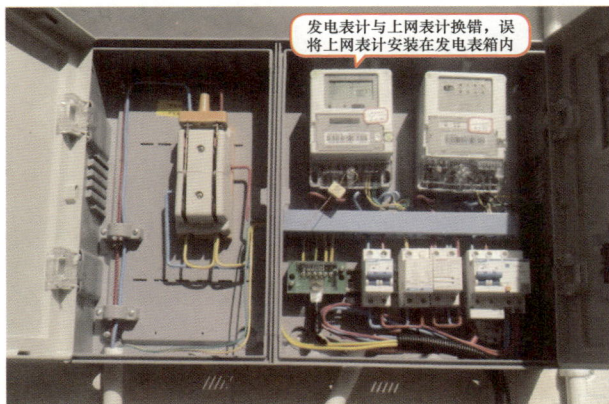

图 3-129　某光伏发电用户发电关口电能表安装实景图

（2）按照现场两只电能表显示电量测算，台区线损率与前期基本一致，确认该户自发自用余电上网光伏用户两只电能表安装错位是引起台区负线损的直接原因。

◢【整改措施】

（1）2020 年 10 月 27 日，工作人员当场与用户确认电能表装接错位情况后，纠正了现场装接错误，并与用户商定办理相关退补手续。

（2）现场整改完成次日 10 月 28 日起，该台区线损率恢复正常状态，并保持稳定，如图 3-130 所示。

线损率	理论线损率	合理区间上限	台区总容量	台区供电量	台区用电量	线损电量
3.55	2.60	4.56	400	635.7	613.43	21.54
3.39	2.76	4.73	400	634.78	613.26	21.52
2.03	2.78	4.75	400	662.98	649.55	13.43
3.69	2.65	4.62	400	673.18	698.03	21.85
-1.84	2.66	4.62	400	674.97	687.4	-12.43
-0.79	2.74	4.71	400	627.99	632.94	-4.95
1.47	2.73	4.7	400	625.28	617.06	9.22
4.58	2.78	4.74	400	643.79	619.09	29.7
4.04	2.74	4.7	400	610.69	586.01	24.68
3.38	2.76	4.72	400	658.57	636.32	22.25

图 3-130　该台区 2020 年 10 月 28 日起线损率恢复正常

◢【小结和建议】

（1）该案例中电能表安装错位问题，较易在光伏发电业务流程中发生，实际工作中由于两只电能表同时安装，应严格按照装接单核对电能表资产码，确认无误后实施安装工作。

（2）加强现场装接质量管控，安装前后工作负责人均应认真核对电能表与装接单，防止错误装接。

（3）加强系统监控，线损电量明显波动时，应及时分析研判供电量、用电量变化情况，出现台区负线损时注意分析公变终端计量、光伏上网电量计量等问题，并核对营销系统流程，检查新装、变更流程中有无异常。

案例 6　联合接线盒导线线头绝缘未剥直接接入导致零电量

【案例描述】

2021 年 6 月上旬线损治理小组发现，新投运不足一年的某台区从 5 月开始线损率升高后持续处在高位，基本在 4% 以上，明显高于"一台区一指标"的理论值，如图 3-131 所示。

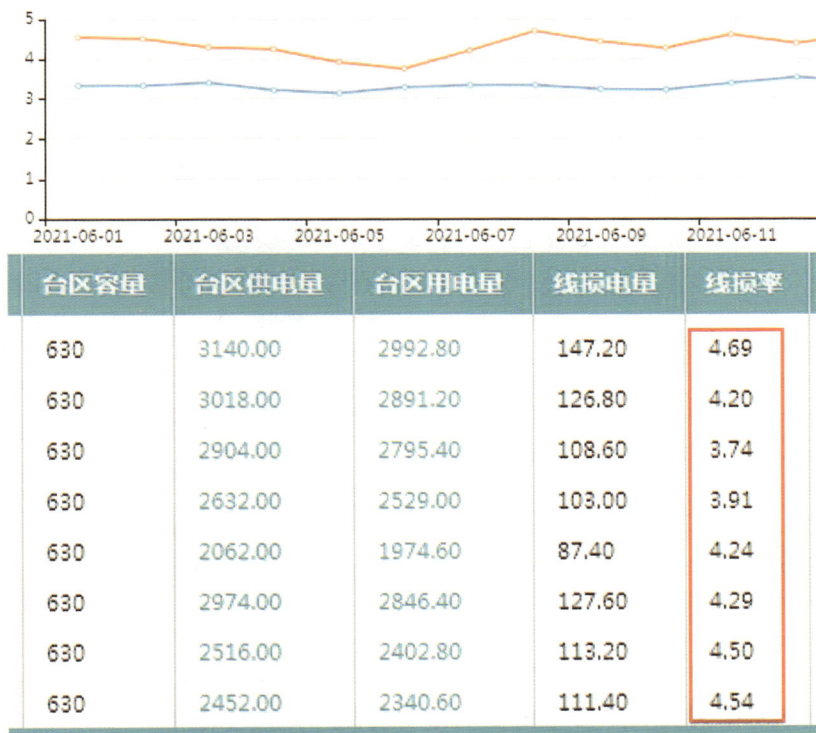

台区容量	台区供电量	台区用电量	线损电量	线损率
630	3140.00	2992.80	147.20	4.69
630	3018.00	2891.20	126.80	4.20
630	2904.00	2795.40	108.60	3.74
630	2632.00	2529.00	103.00	3.91
630	2062.00	1974.60	87.40	4.24
630	2974.00	2846.40	127.60	4.29
630	2516.00	2402.80	113.20	4.50
630	2452.00	2340.60	111.40	4.54

图 3-131　该台区 2021 年 6 月上旬线损率情况

◢【分析研判】

（1）该台区为2020年7月投运，低压电网采用电缆供电方式，用户数较少，无光伏发电上网。从采集系统查看，台区采集覆盖率和采集成功率均保持在100%，2021年5月以前台区线损率基本在3%以下，2020年下半年投运初期，线损率基本在2%以下。投运以来，用户数未发生变化。

（2）该台区用户数较少，投运后无用户新装，基本排除户变关系错误原因。但用户单户用电容量较大，怀疑存在计量装置故障或违约用电情况。

（3）工作人员逐户核查用户负荷、电量数据，发现其中某用户自投运以来，用电量均为零，系统显示实时负荷数据中，电压正常，三相电流均为零，其他用户数据未发现异常，该用户需现场重点核查。

◢【现场核查】

（1）6月15日工作人员前往现场核查，检查计量装置外观，封印齐全，接线正确，未发现异常。检查电能表液晶显示，数据与采集系统基本一致，三相电流均为零。

（2）工作人员使用钳形电流表检测一次侧进线电流，发现A、B相一次电流较大，继续检测电流互感器二次电流，与一次电流相符，二次电流正常。于是，继续分段核查二次电流，使用小口径钳形电流表检测联合接线盒与电能表之间电流情况，发现电能表进线电流为零，接线存在异常。

（3）工作人员逐一拆开三相电流接线，发现导线绝缘层完好，安装时线头未剥直接接入联合接线盒一侧，导致电流回路不通。计量装置安装现场情况如图3-132所示。

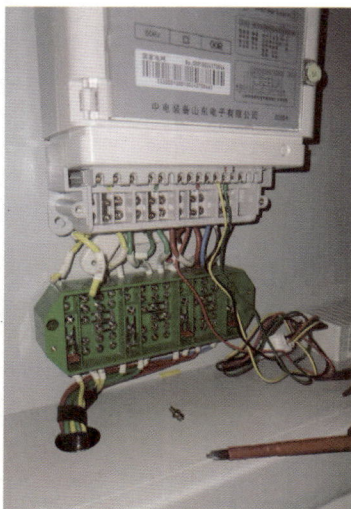

图3-132　计量装置安装现场情况

◢【整改措施】

（1）工作人员立即与用户取得联系，告知并确认计量异常情况，商定后续相关电量电费补收事宜。

（2）当场整改完善计量装置接线，恢复正确计量。检查电能表显示数据与实测电流一致。事后比对系统采集数据，均恢复正常，如图 3-133 所示。

（3）现场整改完成后，6 月 16 日起，台区线损率下降至 2% 以下，并持续保持稳定，如图 3-134 所示。

	瞬时有功(kW)	一无功(kvar)	A相电流(A)	一B相	一C相	零线电流(A)	A相电压(V)	一B相	一C相	A
00463(表计)	7.584	24	10.26	10			234	236	234.5	
00463(表计)	7.56	24.12	10.2	10			232.4	234.6	233.3	
00463(表计)										
00463(表计)										
00463(表计)										
00463(表计)	0	0	0	0			230.8	232.9	231.3	
00463(表计)	0	0	0	0			232.3	235.1	233.6	
00463(表计)	0	0	0	0			232.8	235.7	233.6	
00463(表计)	0	0	0	0			233.3	235.6	233.7	
00463(表计)	0	0	0	0			232.5	234.3	233.5	
00463(表计)	0	0	0	0			233.4	235.1	233.9	
00463(表计)	0		0	0			232.5	234.8	232.9	

图 3-133　接线整改后采集系统电流数据恢复正常

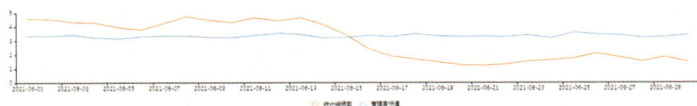

台区容量	台区供电量	台区用电量	线损电量	线损率
630	3454.00	3399.80	54.20	1.57
630	3100.00	3054.40	45.60	1.47
630	2438.00	2407.20	30.80	1.26
630	2338.00	2310.60	27.40	1.17
630	2458.00	2428.00	30.00	1.22
630	3232.00	3186.20	45.80	1.42
630	3864.00	3801.20	62.80	1.63
630	4448.00	4365.60	82.40	1.85

图 3-134　接线整改后该台区线损率下降至 2% 以下

◢【小结与建议】

（1）该用户计量箱内联合接线盒为箱体设备供货时预安装，发生类似情况主要是供货厂家质量把关不严所致，但装表接电人员工作责任履行职责不到位，也是不可否认。

（2）经了解，由于此前大半年时间里，该用户未正式用电，所以对台区线损率未产生影响。近一个多月随着用电量逐步增加，对线损率影响逐步显现。需加强台区线损日常监控和异常治理，对提高营销精益化管理水平具有重要意义。

第五节　计量装置错接线类案例

案例 1 带互感器三相用户二次侧接线错误导致用电量少计

◢【案例描述】

2020 年 10 月下旬线损治理小组发现，某台区 6 月以前线损率一直在 3% 以下小幅波动，2020 年 6 月 18 日，该台区线损率突然增大至 7.50%，线损电量增加到 94.83kWh，后续该台区线损一直处于高损异常状态，间断性出现线损率谷点，如图 3-135 所示（取 2020 年 6 月数据）。

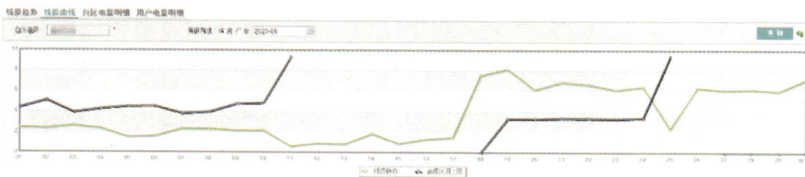

图 3-135　该台区 2020 年 6 月线损变化情况

线损率	理论线损率	合理区间上限	台区总容量	台区供电量	台区用电量	线损电量
0.85			630	516	511.6	4.4
1.28			630	879.6	868.36	11.24
1.46			630	1196.4	1178.91	17.49
7.50	0.00	0	630	1263.6	1168.77	94.83
8.13	0.74	3.3	630	1454.4	1336.21	118.19
6.12	0.74	3.3	630	1357.2	1274.16	83.04
6.85	0.83	3.39	630	1215.6	1132.38	83.22
6.62	0.80	3.36	630	1257.6	1174.37	83.23
6.11	0.77	3.33	630	1272	1194.27	77.73
6.41	0.87	3.43	630	1098	1027.57	70.43

图 3-135　该台区 2020 年 6 月线损变化情况（续）

【分析研判】

（1）从用电信息采集系统查看，该台区线损异常变化前后总用户数未发生变动，核对用户档案，未发现户变关系错误，且采集覆盖率为 100%，采集成功率为 100%，未发现影响线损计算的其他情况。

（2）虽然线损电量增加较大，但波动较为明显，基本可排除漏电原因引起。

（3）分别选取台区线损正常和异常且用电量相近的两天数据进行比对。从采集系统导出用户用电量清单，比对分析台区用户用电量的变化情况，发现户号 ***0007396 用户的用电量变化与该台区线损电量变化高度关联，且呈正向关联。系统数据分析显示，该用户 8 月 13、14、23 日用电量较少时，该台区线损率则较低，其余时间该用户用电量较大时该台区线损率则升高，二者正向关联度较强，需重点对该用户安排现场核查，如图 3-136所示。

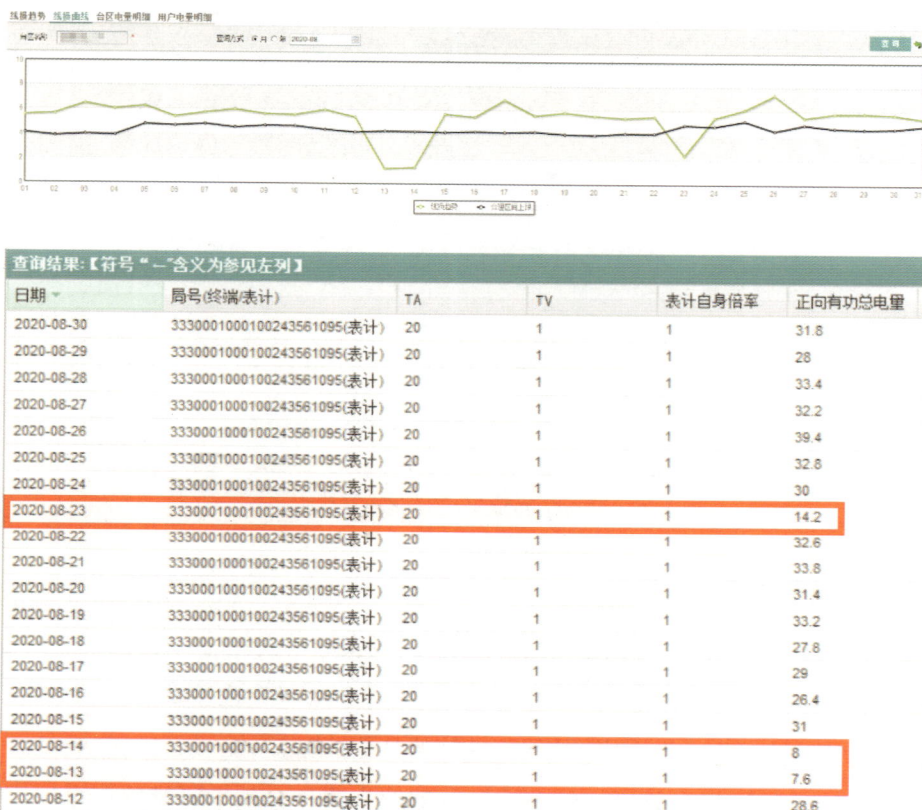

图 3-136　户号 ***0007396 用户用电量与台区线损率变化相关

◀【现场核查】

（1）10 月 23 日组织现场核查，核查中发现户号 ***0007396 用户电能表 A 相电流显示为 $-I_a$，电流互感器 A 相二次侧电流至联合接线盒的进出线接反，造成电能表 A 相电流进出线接反，导致 A 相电流反向，电量少计，如图 3-137 所示。

（2）现场检测线路漏电情况，未发现异常。

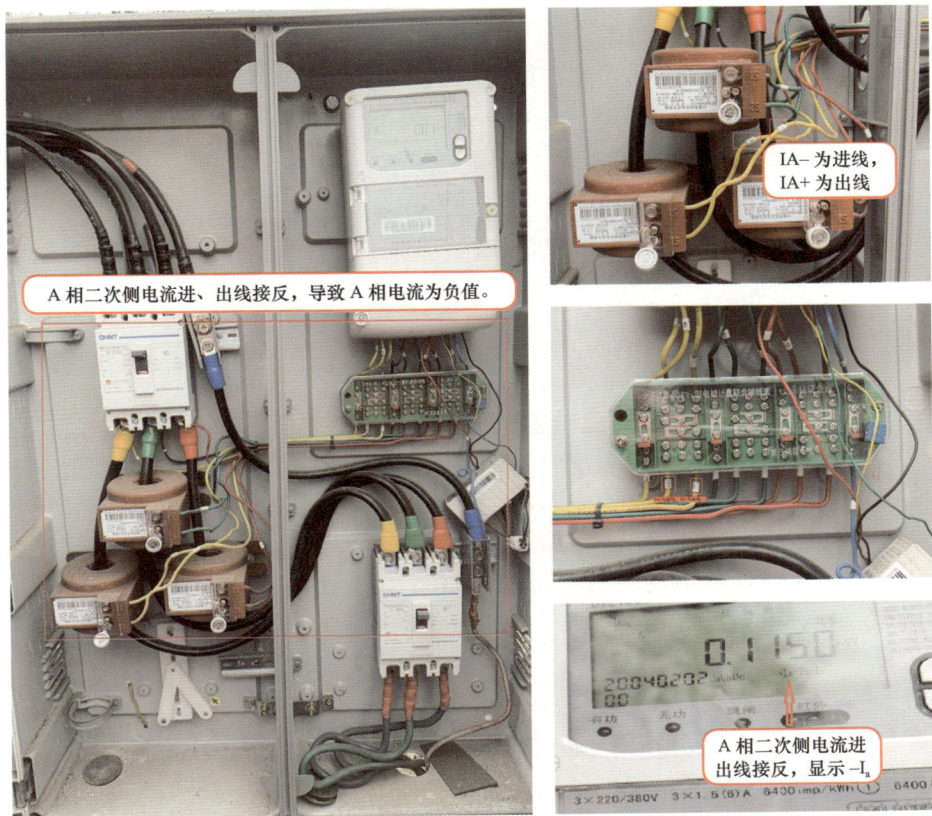

图 3-137　户号 ***0007396 用户二次侧接线错误组图

◢【整改措施】

（1）现场查明原因后，工作人员立即与用户联系，告知计量接线错误少计电量问题，并共同在现场确认错误接线情况，约定办理相关电量电费补收事宜。

（2）完成用户告知并确认事实后，2020 年 10 月 23 日当天即更正该用户计量装置二次侧接线，处理后台区线损率降到 2% 以下，如图 3-138 所示。

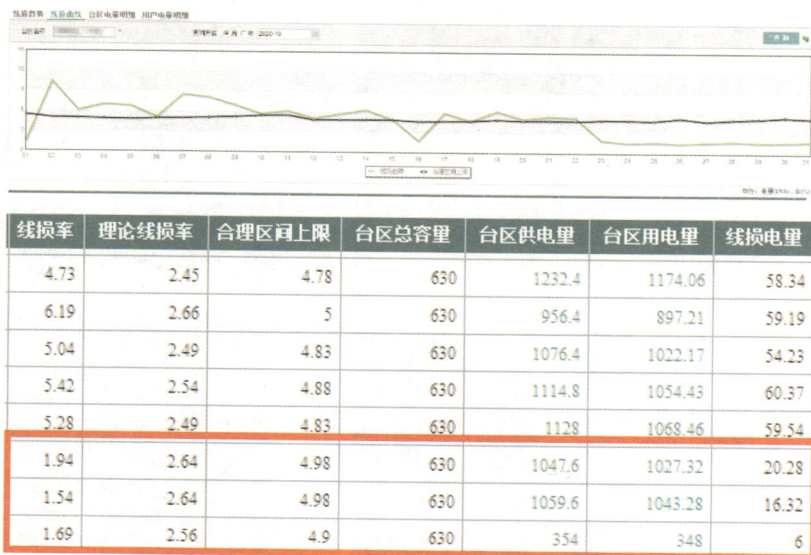

线损率	理论线损率	合理区间上限	台区总容量	台区供电量	台区用电量	线损电量
4.73	2.45	4.78	630	1232.4	1174.06	58.34
6.19	2.66	5	630	956.4	897.21	59.19
5.04	2.49	4.83	630	1076.4	1022.17	54.23
5.42	2.54	4.88	630	1114.8	1054.43	60.37
5.28	2.49	4.83	630	1128	1068.46	59.54
1.94	2.64	4.98	630	1047.6	1027.32	20.28
1.54	2.64	4.98	630	1059.6	1043.28	16.32
1.69	2.56	4.9	630	354	348	6

图 3-138　该台区 2020 年 10 月 23 日起线损率恢复正常

◢【小结与建议】

（1）经核实，该用户于前几个月办理增容业务，工作人员在安装计量装置过程中，发生差错，导致电量少计。

（2）该案例中发生的低压电流互感器二次侧接线错误导致计量异常，属于装表接电工作易发差错，日常工作中，应加强新装、增容现场工作的验收把关，有效避免此类差错发生。

（3）加强装接人员自查自检工作，完成装表接电后，一周内利用用电信息采集系统，核查用电信息情况，特别是增容业务完成后，如发现电量下降，应立即核查确认，避免错接线造成电量损失。

（4）加强系统监控，线损电量突发明显波动时，应及时分析，供电量、售电量变化情况，用户电量变化是否与台区线损电量关联，系统查找异常用户。

案例 2 直接式电能表进出线接反导致计量异常

【案例描述】

2021 年 8 月，线损治理小组发现，某台区从 2021 年 7 月起线损出现波动，线损率在 2.5% ~ 4% 之间，线损电量在 20 ~ 70kWh 之间，虽然明显低于 7% 的管控要求，但由于线损电量较大且有波动明显，列入重点治理台区，如图 3-139 所示。

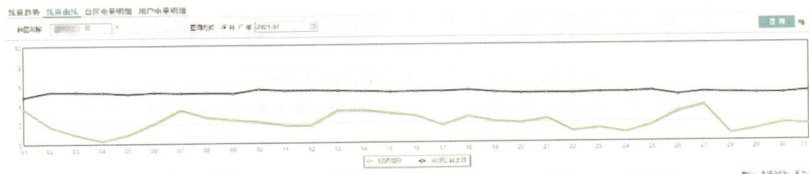

线损率	理论线损率	合理区间上限	台区总容量	台区供电量	台区用电量	线损电量
3.65	2.95	4.91	315	847.9	816.94	30.96
1.80	3.47	5.43	315	913.07	896.68	16.39
0.95	3.42	5.38	315	1158.35	1147.33	11.02
0.31	3.38	5.34	315	1292.06	1288	4.06
0.94	3.22	5.19	315	1494.99	1480.97	14.02
2.08	3.36	5.32	315	1606.32	1572.97	33.35
3.47	3.28	5.25	315	1561.43	1507.26	54.17
2.68	3.30	5.26	315	1711.97	1666.02	45.95
2.40	3.22	5.18	315	1644.1	1604.65	39.45
2.20	3.64	5.61	315	1733.47	1695.36	38.11

图 3-139 该台区 2021 年 7 月线损变化情况

【分析研判】

（1）该台区线损率发生变化前后，用户数量保持不变，采集覆盖率为 100%，采集成功率为 100%，无数据估算和采集数据缺失，台区公变终端数据核查未发现异常。

（2）此前组织现场核对户变对应关系，与系统信息一致。检测线路漏电情况，未发现异常。初步研判可能存在计量异常或违约用电现象。

（3）通过采集系统数据进一步分析，比对线损率异常波动期间用户电量变化与台区线损率关联性，发现 ***0051997 用电量与台区线损电量呈正向关联，实时召测电量数据，该户 C 相有反向电量无正向电量，疑存在错接线，如图 3-140 所示。进一步查看数据发现，该户 6 月初曾办理增容手续。经初步研判，该户计量异常需立即安排现场核查。

图 3-140　某用户 C 相存在反向电量

◀【现场核查】

（1）2021 年 8 月 16 日实施现场检查，检查电能表显示数据，确认存在 C 相反向电量。

（2）检查接线后发现该户电能表 C 相进出线接反，但电能表封印完好，确认为 6 月初增容时装接差错，造成错接线少计电量，如图 3-141 所示。

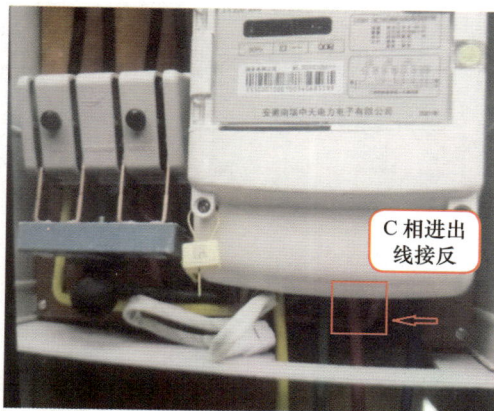

图 3-141　现场电能表 C 相进出线接反

【整改措施】

（1）现场工作人员随即联系用户，告知错误接线情况，共同确认少计电量信息，商定办理补收电量电费手续。

（2）工作人员现场更正错接线，8月20日以后线损恢复正常，如图3-142所示。

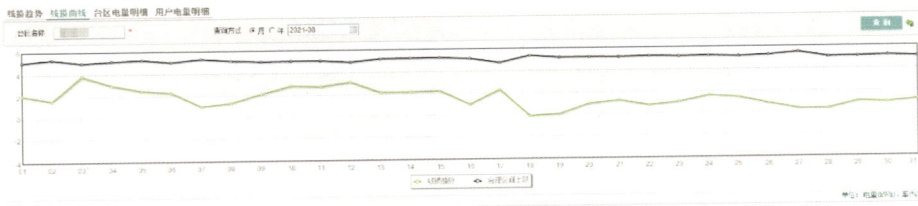

图 3-142　该台区 8 月 20 日起线损恢复正常

【小结与建议】

（1）这是一起计量装置安装错接线问题引起的电量计量差错，较为典型的工作质量问题。应加强一线人员的技能提升，规范计量装接行为，管控施工质量，严格责任制考核，努力杜绝错接线的发生。

（2）加强装接人员自查自检工作，完成装表接电后，一周内利用用电信息采集系统，核查用电信息情况，特别是增容业务完成后，如发现电量异常，应立即核查确认，避免错接线造成电量损失。

（3）加强系统监控，线损电量明显波动时，应及时分析供电量、售电量变化情况，用户电量变化是否与台区线损电量关联，通过系统数据分析查找异常用户。

案例3　电流互感器一次线两相错位错接线导致电量少计

2021年9月初线损治理小组发现，某台区8月线损呈不规则波动，最大线损率超过 4%，线损电量在 50kWh 上下波动，7 月以前线损率一直在 1.85% 左右小幅波动，如图 3-143 所示。

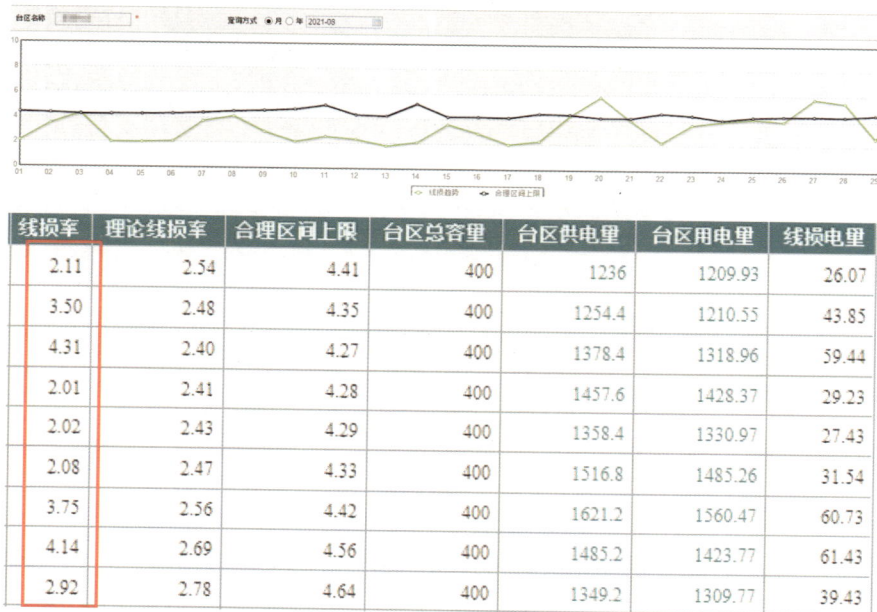

线损率	理论线损率	合理区间上限	台区总容量	台区供电量	台区用电量	线损电量
2.11	2.54	4.41	400	1236	1209.93	26.07
3.50	2.48	4.35	400	1254.4	1210.55	43.85
4.31	2.40	4.27	400	1378.4	1318.96	59.44
2.01	2.41	4.28	400	1457.6	1428.37	29.23
2.02	2.43	4.29	400	1358.4	1330.97	27.43
2.08	2.47	4.33	400	1516.8	1485.26	31.54
3.75	2.56	4.42	400	1621.2	1560.47	60.73
4.14	2.69	4.56	400	1485.2	1423.77	61.43
2.92	2.78	4.64	400	1349.2	1309.77	39.43

图 3-143   该台区 2021 年 8 月线损变化情况

▲【分析研判】

（1）从用电信息采集系统查看，该台区共有低压用户 49 户，台区日供电量 1300kWh 左右，线损异常变化前后总用户数未发生变动，核对用户档案，未发现户变关系错误，采集覆盖率为 100%，采集成功率为 100%，未发现影响线损计算的因素。但日台区线损率波动幅度超过 2 个百分点以上，且经常突破"一台区一指标"理论值上限，需进一步查明原因。

（2）比对分析该台区用户用电量的变化情况，未发现明显数据异常用户。根据公司线损治理课题组提供的多户潜在违约用电嫌疑清单，初步研判可能存在大容量设备违约用电问题，需组织现场排查。

【现场核查】

（1）9月2日，线损治理小组人员携带用户用电量清单，结合课题组提供的违约用电嫌疑清单，重点排查零电量和大用电量用户。

（2）当排查到某三相用户时，发现计量箱内接线异常，每一只穿心式电流互感器一次侧均有两路线路通过，但其中一路线路 A 相和 C 相接线交叉错位（如图 3-144 所示红色导线），即 A 相导线穿过 C 相电流互感器，C 相导线穿过 A 相电路互感器。

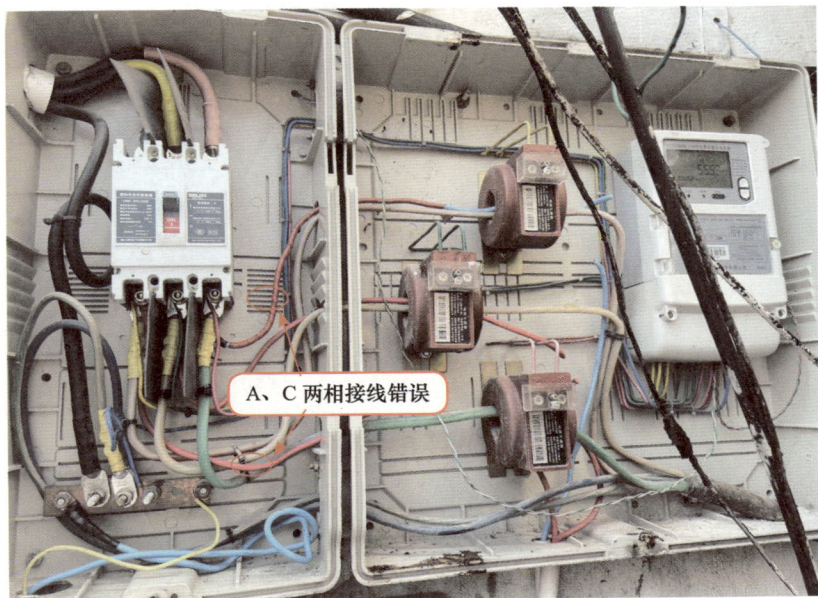

图 3-144　穿过电流互感器（红色导线）线路 A、C 相交叉错位

（3）通过用电信息采集系统 96 点负荷数据查询发现，用户 A、C 两相断续出现负电流，初步判定接线错误是引起台区线损偏高的主要原因，如图 3-145 所示。

图 3-145　该用户 A、C 两相电流异常

🔺【整改措施】

（1）现场工作人员立即与用户确认接线错误情况，并当场改正错误接线，告知用户需按规定补交相应电费。

（2）改正接线后，9 月 3 日起该台区线损率降到 1.95% 左右，并持续保持稳定，如图 3-146 所示。

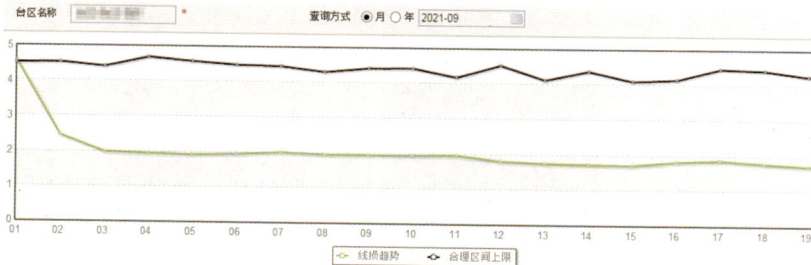

图 3-146　该台区处理后 9 月线损变化情况

线损率	理论线损率	合理区间上限	台区总容量	台区供电量	台区用电量	线损电量
4.57	2.66	4.52	400	1430	1364.66	65.34
2.46	2.66	4.53	400	1324.8	1292.15	32.65
1.99	2.55	4.41	400	1285.6	1260.05	25.55
1.95	2.81	4.68	400	1600	1568.82	31.18
1.92	2.70	4.57	400	1454	1426.1	27.9
1.95	2.61	4.48	400	1397.2	1370.02	27.18
2.01	2.59	4.45	400	1344.8	1317.81	26.99
1.96	2.44	4.3	400	1291.2	1265.95	25.25
1.95	2.54	4.41	400	1430.8	1402.97	27.83
1.95	2.55	4.42	400	1466	1437.35	28.65

图 3-146　该台区处理后 9 月线损变化情况（续）

【小结和建议】

（1）这是一起装接不规范引起错误接线的典型案例，两路线路中的一路为后期安装，此前基本未用电，8 月开始用电后，引起台区线损明显波动。

（2）加强日常监控，针对台区线损异常波动，不论是否为大线损，均应及时分析研判，查明原因。

（3）加强现场作业人员技能培训，规范作业行为，避免错误接线造成电量损失。

案例 4　单相电能表相线与中性线进线错位导致表后漏电电量未计量

【案例描述】

2021 年 6 月以来，某台区线损率持续在 2.44%～5.24% 之间波动，经常达到理论线损值的上限，如图 3-147 所示。台区日线损电量在 20～30kWh 左右，供电所组织台区经理开展了多轮次现场排查，均未查明原因，线损治理小组列为重点帮扶清单。

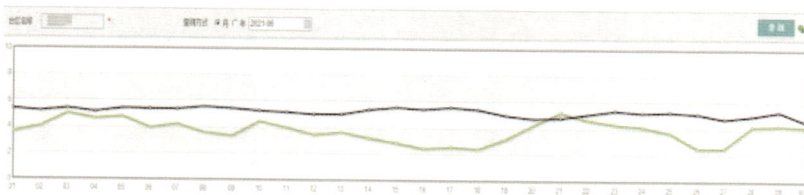

图 3-147　2021 年 6 月该台区线损率曲线图

◢【分析研判】

（1）从用电信息采集系统查看，该台区为农村供电台区，共有低压用户 90 户，台区日供电量基本稳定在 800kWh 以下，线损异常变化前后总用户数未发生变动，近一年邻近区域未曾切割转移用户电源，户变对应关系未发现错误，台区内 3 户光伏用户均无异常，台区采集覆盖率为 100%，采集成功率为 100%，未发现影响线损计算的因素。但日台区线损率波动幅度超过 2 个百分点以上，且经常突破"一台区一指标"理论值上限，需进一步查明原因。

（2）比对分析该台区用户用电量的变化情况，未发现明显数据异常用户。通过逐户核查负荷数据，发现某用户中性线和相线电流不一致，需组织现场核查确认。某用户实时电流情况如图 3-148 所示。

图 3-148　某用户实时电流情况

【现场核查】

（1）2021年12月10日，线损治理小组会同供电所人员一起赴现场核查，在检查计量装置时发现，电能表屏幕显示瞬时电流为0.075A，而钳形电流表测得的电流为1.8A（如图3-149所示）。仔细查看该路线通过表前开关后接入电能表的中性线桩头，而实际接入电能表相线桩头的是中性线，即电能表中性线与相线进线交叉错位了。

图3-149　表前线电流与电能表显示电流不一致

（2）工作人员立即检查用户设备的用电情况，确认几乎没有设备在用电，与表上电流显示基本吻合。随后在检查表后线时，发现其中一路出线存在1.8A漏电电流（如图3-150所示），与进线电流值一致，确认存在表后线漏电。

（3）核查人员立即对表后线延伸检查，当检查到一路通向用户院内路灯的电源管线时，发现漏电电流1.7A，与表后线的漏电值基本一致。继续检查路灯设备，发现路灯杆上存在电压，确认路灯的中性线存在破损，为漏电点所在（如图3-151所示）。

图3-150　一路表后线存在漏电电流1.8A

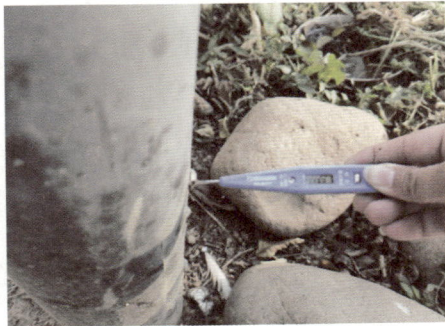

图3-151　路灯杆漏电并检测到电压110V

▲【整改措施】

（1）工作人员现场改正了电能表接线，再次检测电能表进线电流，中性线、相线电流值均与电能表显示一致。

（2）断开路灯电源开关，告知用户立即安排处理地埋路灯线路漏电问题。

（3）现场处置完成后，12月11日后台区线损率降为1.9%以下，并保持稳定。

◢【小结和建议】

（1）按照原理，表后线漏电产生的电能量损耗应该在电能表上计量出来，会增加用户的用电量，不会直接影响台区线损率。但由于电能表的表前进线侧开关中性线与相线交叉错接，导致相线接入电能表中性线桩头，中性线接入电能表相线桩头，造成漏电电流未通过电能表的计量元件，虽然用户设备有漏电但用户用电量不增加，引起线损增加。

（2）防范此类问题发生，应严把四个关口。一是严把规范电能表装接行为关，严格分相色布线，按照接线图规范接线，完成接线后务必再次检查验证相别是否正确；二是严把低压线路整改搭接关，线路整改施工前做好相别标识，施工完成恢复搭接时，务必再次核对确认，防止电源侧交叉错位；三是把好运行维护关，运行中表前开关的更换，务必保持更换前后相别一致；四是把好事后监控关，利用用电信息采集系统实施事后监控，台区线损率发生变化、采集系统上报的中性线电流与相线电流出现明显不一致，应及时组织现场排查确认，消除隐患。

案例5 新装用户电流互感器二次线 AC 两相交叉错位导致电量少计

◢【案例描述】

2022年7月25日线损治理小组发现，某台区本月以来线损率波动明显，时常超过管理目标值，下旬最高一天甚至突增到 43.27%，日线损电量超过 600kWh，如图 3-152 所示。6 月以前线损率虽然有波动，但日线损电量基本在 20kWh 以下。

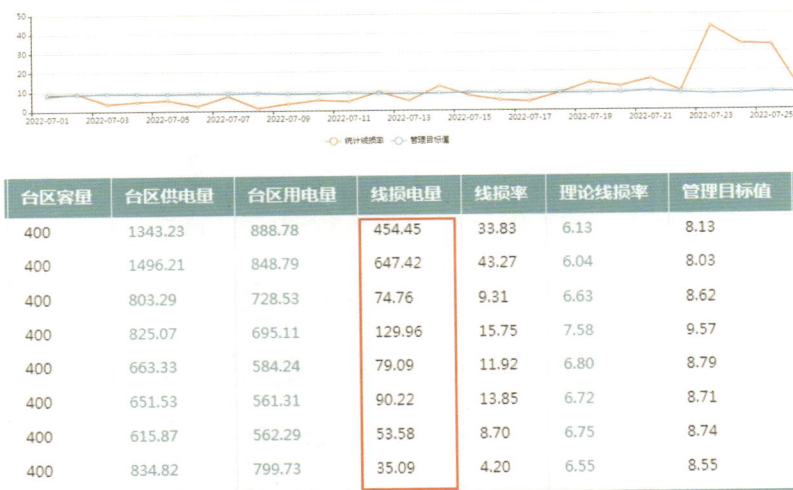

台区容量	台区供电量	台区用电量	线损电量	线损率	理论线损率	管理目标值
400	1343.23	888.78	454.45	33.83	6.13	8.13
400	1496.21	848.79	647.42	43.27	6.04	8.03
400	803.29	728.53	74.76	9.31	6.63	8.62
400	825.07	695.11	129.96	15.75	7.58	9.57
400	663.33	584.24	79.09	11.92	6.80	8.79
400	651.53	561.31	90.22	13.85	6.72	8.71
400	615.87	562.29	53.58	8.70	6.75	8.74
400	834.82	799.73	35.09	4.20	6.55	8.55

图 3-152　该台区 2022 年 7 月线损率异常变化情况

◀【分析研判】

（1）从用电信息采集系统查看，该台区共有低压用户 51 户，台区日供电量 7 月以来持续增加，2022 年以来总用户数未发生变动，核对用户档案，未发现户变关系错误，采集覆盖率为 100%，采集成功率为 100%，未发现影响线损计算的因素，相邻台区也未发现线损率突降的情况，基本排除户变关系错误问题。

（2）台区线损率波动幅度严重超大，继续比对核查上年度以来用户信息和用电量情况，发现 2021 年 11 月新增某用户，近几天用电量突增，而本月中旬及以前，该用户日用电量基本在 10kWh 以下，该户电量变化与台区线损率关联度较高，需立即现场核查确认是否存在违约用电、错接线等问题。

◢【现场核查】

（1）7月26日，线损治理小组工作人员前往该用户现场核查，未发现违约用电情况。

（2）打开计量箱启封检查接线情况，发现电流互感器 A 相二次线与 C 相二次线交叉错位，引起电量少计，如图 3-153 所示。

图 3-153　用户计量箱内电流互感器二次线交叉错位

◢【整改措施】

（1）工作人员现场立即与用户确认接线错误情况，并当场改正错误接线，告知用户需按规定补交相应电费。

（2）改正接线后，7月27日起该台区线损率降到 2% 以下，日线损电量回落至 20kWh 以下，并持续保持稳定。

◢【小结和建议】

（1）该用户错接线持续超过半年，但此前因用电量很少，对台区线损率影响较小，造成的线损率波动幅度不明显，容易被忽略。

（2）由于线损治理小组监控较为严密，线损率突变两天后立即分析，准确研判，及时查明原因，避免了电量损失进一步扩大。

（3）这是一起较为典型的工作质量问题，应加强一线人员的技能和责任意识提升，规范计量装接行为，管控施工质量，严格质效考核，努力杜绝错接线的发生。

第六节　公变终端异常类案例

案例 1　公变终端死机导致台区负线损

◢【案例描述】

2022 年 4 月线损治理小组发现，某台区从 4 月 14 日之后连续呈负线损状态，线损率在 –32.42% ~ –100% 之间，如图 3-154 所示。

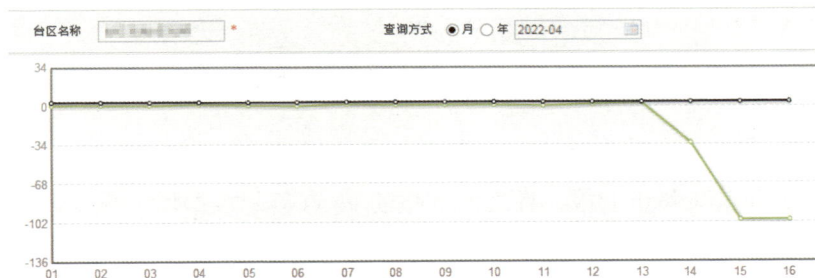

图 3-154　该台区 2022 年 4 月线损率变化情况

线损率	理论线损率	合理区间上限	台区总容量	台区供电量	台区用电量	线损电量
1.75	1.94	3.7	1000	303	297.69	5.31
1.13	1.85	3.61	1000	288	284.75	3.25
1.34	2.00	3.75	1000	300	295.98	4.02
1.17	1.81	3.57	1000	306	302.41	3 59
0.40	1.82	3.58	1000	291	289.84	1 16
1.82	1.99	3.74	1000	297	291.59	5.41
2.95	1.86	3.61	1000	330	320.25	9.75
−32.42	1.90	3.65	1000	228	301.91	−73.91
−100.00	2.06	3.82	1000	0	292.43	−292.43
−100.00	2.15	3.9	1000	0	342.7	−342.7

图 3-154　该台区 2022 年 4 月线损率变化情况（续）

【分析研判】

（1）台区供电量日渐减少直至为 0，公变终端采集数据异常，如图 3-155 所示。

日期	局号(终端/表计)	瞬时有	←无…	A相	←B相	←C相	A相电压(V)	B相	←C相
2022-04-18 15:15:00	334092111370014547 5516(表计)	16.95	−4.71	46.5	19.2	15.6	227.8	223.3	228
2022-04-16 15:15:00	334092111370014547 5516(表计)	16.92	−7.02	33	27	24.6	228.5	229.1	229
2022-04-16 15:00:00	334092111370014547 5516(表计)	16.92	−7.02	33	27	24.6	228.5	229.1	229
2022-04-16 14:45:00	334092111370014547 5516(表计)	16.92	−7.02	33	27	24.6	228.5	229.1	229
2022-04-16 14:30:00	334092111370014547 5516(表计)	16.92	−7.02	33	27	24.6	228.5	229.1	229
2022-04-16 14:15:00	334092111370014547 5516(表计)	16.92	−7.02	33	27	24.6	228.5	229.1	229
2022-04-16 14:00:00	334092111370014547 5516(表计)	16.92	−7.02	33	27	24.6	228.5	229.1	229
2022-04-16 13:45:00	334092111370014547 5516(表计)	16.92	−7.02	33	27	24.6	228.5	229.1	229
2022-04-16 13:30:00	334092111370014547 5516(表计)	16.92	−7.02	33	27	24.6	228.5	229.1	229
2022-04-16 13:15:00	334092111370014547 5516(表计)	16.92	−7.02	33	27	24.6	228.5	229.1	229
2022-04-16 13:00:00	334092111370014547 5516(表计)	16.92	−7.02	33	27	24.6	228.5	229.1	229
2022-04-16 12:45:00	334092111370014547 5516(表计)	16.92	−7.02	33	27	24.6	228.5	229.1	229
2022-04-16 12:30:00	334092111370014547 5516(表计)	16.92	−7.02	33	27	24.6	228.5	229.1	229

图 3-155　采集系统公变终端负荷异常

（2）通过采集系统查看公变终端 96 点负荷数据发现该终端在 4 月 16 日 15 点 15 分负荷停止上报，且之前上报的 96 点负荷数据均一样，怀疑是现场融合终端死机。

【现场核查】

4 月 18 日线损治理小组人员前往核查，发现融合终端现场灯一直全部亮起，根据以往经验判断该终端现场呈死机状态，如图 3-156 所示。

图 3-156　现场融合终端异常

【整改措施】

（1）现场立即重启融合终端，等待几分钟终端上线后，观察各类指示灯，终端恢复正常工作，如图 3-157 所示。

图 3-157　现场重启系统负荷数据恢复正常

（2）采集系统查看最新负荷数据，数据显示正常，次日线损率恢复至1.5% 左右，如图 3-158 所示。

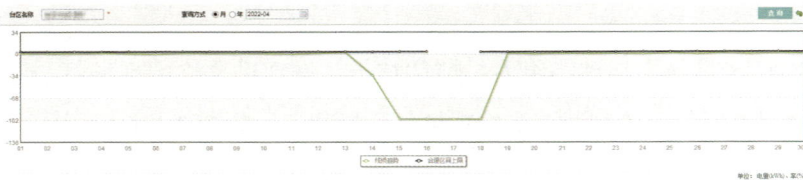

图 3-158　该台区线损率恢复正常

【小结和建议】

针对此类问题要加强采集系统监控，每日关注台区线损异常监测情况，发现公变终端工作异常，可重启设备观察，现场处理。

案例 2　公变终端一相电压异常导致台区负线损

【案例描述】

2022 年 6 月线损治理小组发现，南区 2 号公用变压器从 6 月 14 日之后线损一直呈负损状态，线损率在 –0.05%～–0.56% 之间波动，日损失电量 –1.37kWh，如图 3-159 所示（取 2022 年 6 月数据）。

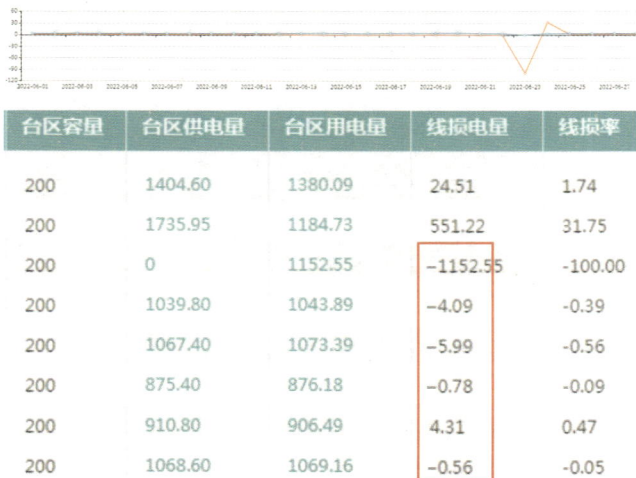

台区容量	台区供电量	台区用电量	线损电量	线损率
200	1404.60	1380.09	24.51	1.74
200	1735.95	1184.73	551.22	31.75
200	0	1152.55	–1152.55	–100.00
200	1039.80	1043.89	–4.09	–0.39
200	1067.40	1073.39	–5.99	–0.56
200	875.40	876.18	–0.78	–0.09
200	910.80	906.49	4.31	0.47
200	1068.60	1069.16	–0.56	–0.05

图 3-159　该台区 2022 年 6 月线损变化情况

◢【分析研判】

（1）从用电信息采集系统查看，该台区共有低压用户102户，线损异常变化前后总用户数未发生变动，核对用户档案，未发现户变关系错误，台区采集覆盖率100%，采集成功率100%，未发现影响线损计算的情况。

（2）该台区无光伏并网用户，近期也无新并网流程。

（3）采集系统查看公变终端96点负荷数据，发现B相电压只有205V左右，有时低至190V，明显偏低，初步判断B相计量异常可能导致供电量少计，是引起线损负损的主要原因。

◢【现场核查】

（1）6月23日线损治理小组前往现场进行核查，分别用万用表测量终端三相进线电压，发现终端B相进线端子电压为229.3V，电压正常，而终端液晶屏显示B相电压为203.1V，存在明显异常，如图3-160、图3-161所示。

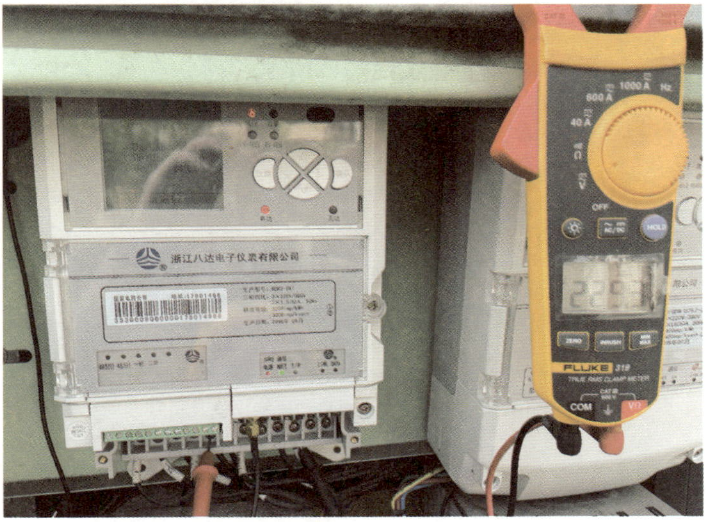

图3-160　公变终端B相电压异常

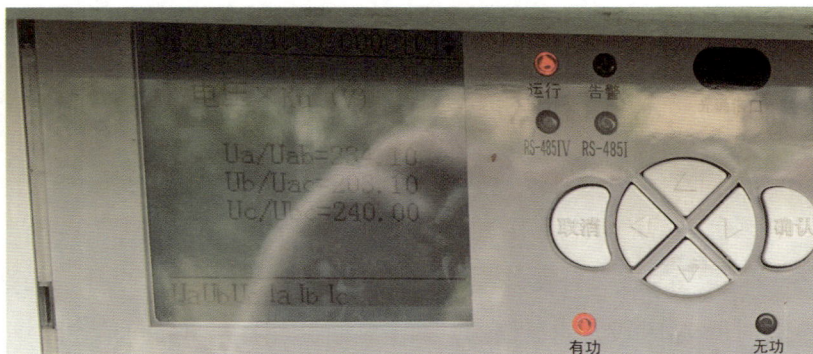

图 3-161　公变终端 B 相电压异常 203V（实际 229V）

（2）该台公变终端设备 2016 年生产，已运行 6 年，现场重启后观察电压变化，依然存在异常，确认故障，决定实施更换。

▲【整改措施】

现场确认故障后，工作人员立即联系采集运维人员更换新终端，6 月 25 日该台区采集线损率恢复至 1.8% 左右，并保持稳定，如图 3-162 所示。

台区容量	台区供电量	台区用电量	线损电量	线损率	理论线损率
200	1486.80	1460.49	26.31	1.77	2.38
200	1712.40	1684.83	27.57	1.61	2.29
200	1656.00	1619.79	36.21	2.19	2.04
200	1641.60	1610.88	30.72	1.87	2.08
200	1460.40	1432.16	28.24	1.93	1.85
200	1404.60	1380.09	24.51	1.74	1.83
200	1735.95	1184.73	551.22	31.75	1.71
200	0	1152.55	-1152.55	-100.00	0.00

图 3-162　公变终端更换后台区线损恢复正常

▲【小结和建议】

（1）台区小额负线损率往往容易被疏忽，针对此类问题要加强采集系统监控观察，如持续存在则应尽快查明原因。

（2）在排除户变关系因素和用电量估算的情况下，公变终端计量异常、光伏上网电量未计入等引起的概率较大，可优先核查。

案例 3 公变终端新装错接线导致台区负线损

🔹【案例描述】

线损治理小组监控人员发现，某新上台区 2022 年 7 月底投运，投运后持续出现台区负线损，日线损率基本在 –30% 左右，如图 3-163 所示。

台区容量	台区供电量	台区用电量	线损电量	线损率
630	276.80	349.73	−72.93	−26.35
630	251.20	318.06	−66.86	−26.62
630	260.80	326.60	−65.80	−25.23
630	304.00	385.95	−81.95	−26.96
630	313.60	403.76	−90.16	−28.75
630	201.60	259.64	−58.04	−28.79
630	246.40	328.81	−82.41	−33.45
630	211.20	273.38	−62.18	−29.44

图 3-163 该台区 2022 年 8 月上旬线损变化情况

🔹【分析研判】

（1）该台区为新上小区供电设施，投运时间很短，用户数量 19 户，投运前逐户核查户变关系，确定无差错，采集覆盖率和采集成功率均为 100%，无光伏上网用户，未发现影响线损计算因素。

（2）查看公变终端三相分时段电流、电压数据，未发现明显异常。

（3）公变终端电流互感器变比信息是否有误，现场接线是否存在错误，需立即组织核查。

【现场核查】

（1）8月9日工作人员前往现场核查，核对电流互感器变比，与系统一致无误。

（2）仔细检查公变终端与集中器接线，发现现场接线存在错误，因公变终端和集中器联合接线，BC两相电流回路接线错位，即B相电流线接入C相桩头，C相电流线接入B相桩头，如图3-164所示。

图3-164 某台区公变终端错接线现场

【整改措施】

（1）工作人员当即改正错误接线，恢复正常接线。

（2）8月10日起，台区线损率恢复正常状态，在1.2%左右，如图3-165所示。

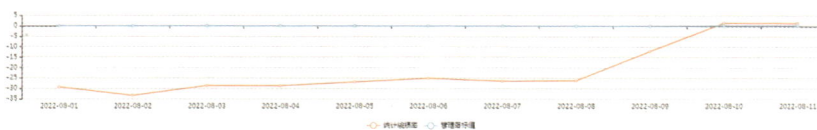

台区容量	台区供电量	台区用电量	线损电量	线损率
630	363.20	358.88	4.32	1.19
630	353.60	348.94	4.66	1.32
630	316.80	355.67	-38.87	-12.27
630	276.80	349.73	-72.93	-26.35
630	251.20	318.06	-66.86	-26.62
630	260.80	326.60	-65.80	-25.23
630	304.00	385.95	-81.95	-26.96
630	313.60	403.76	-90.16	-28.75

图 3-165　整改前后台区线损率变化情况

【小结和建议】

（1）大比例且较为稳定的负线损，公变终端错接线、互感器变比错误原因所致的概率较大。

（2）《电能计量装置安装接线规则》（DL/T 825—2021）明确，电压电流回路各相导线应分别采用黄、绿、红色线。

（3）该台区出现接线差错除工作责任心不强之外，未严格使用分相色导线是一个重要原因，从公变终端到集中器的电流回路使用同一颜色的红色导线，极易造成看错线路走向导致错接线。所以，计量装置安装时应严格使用分相色的导线。

案例 4 公变终端更换错接线导致台区负线损

◢【案例描述】

2021 年 5 月 9 日线损治理小组发现，某台区 2021 年 5 月 5 日以前线损率一直稳定在 1.6% 左右，2021 年 5 月 6 日之后该台区突然出现负损，如图 3-166 所示。

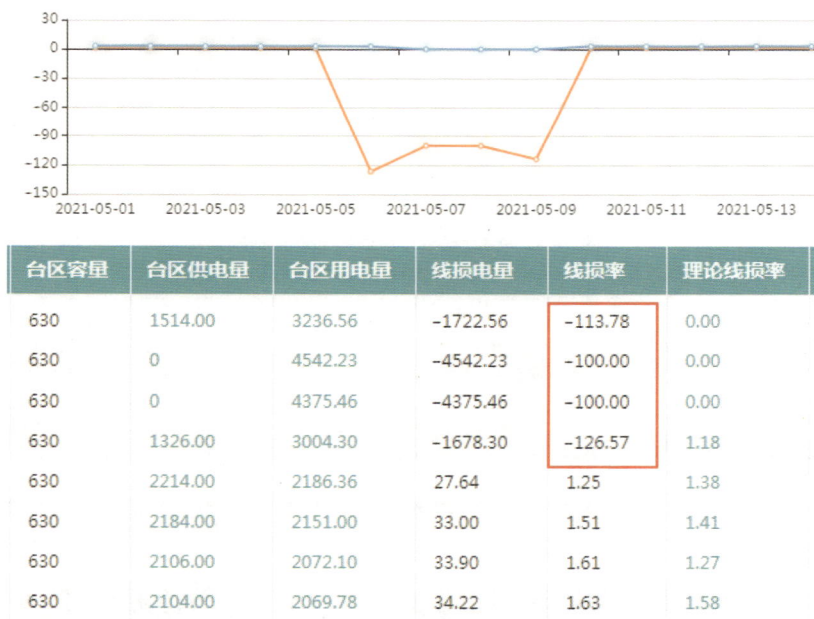

台区容量	台区供电量	台区用电量	线损电量	线损率	理论线损率
630	1514.00	3236.56	−1722.56	−113.78	0.00
630	0	4542.23	−4542.23	−100.00	0.00
630	0	4375.46	−4375.46	−100.00	0.00
630	1326.00	3004.30	−1678.30	−126.57	1.18
630	2214.00	2186.36	27.64	1.25	1.38
630	2184.00	2151.00	33.00	1.51	1.41
630	2106.00	2072.10	33.90	1.61	1.27
630	2104.00	2069.78	34.22	1.63	1.58

图 3-166　该台区 2021 年 5 月中旬前线损率情况

◢【分析研判】

（1）从用电信息采集系统查看，台区总用电量大幅增加的情况下，台区供电量突然大幅减少，初步怀疑公变终端出现异常，核查公变终端档案，安装日期为 5 月 6 日，恰好与线损异常发生时间吻合。

（2）经向运行维护人员了解，该台区在"五一节"期间进行过公变终端更换工作。从采集系统查看该终端 96 点负荷数据发现，三相电流均为负值，终端抄表数据反向计量，台区供电量为零，基本判断是由更换公变终端错误接线引起的线损异常，如图 3-167 所示。

瞬时有功	瞬时无功	A相电流	B相	C相
-83.0800	4.6200	-145.800	-119.000	-90.400
-89.1000	6.3000	-131.800	-127.600	-121.600
-73.6000	5.7600	-133.400	-97.600	-89.200
-89.3000	3.8800	-127.800	-146.600	-112.600
-91.4400	5.3000	-155.000	-129.400	-112.000
-94.6200	7.5600	-121.800	-153.800	-139.200

图 3-167 公变终端 96 点负荷电流均为负

【现场核查】

（1）工作人员立即赴现场核查公变终端，检查接线后发现，首次安装时，穿心式电流互感器 P1 和 P2 一次侧进线方向套反，当时为避免停电更换，采用电流互感器二次线 S1 和 S2 方向更换的方式解决。

（2）5 月 6 日更换台区智能融合终端，安装工作人员按照互感器二次线 S1 和 S2 正常的方向接线，反而造成了实际的反向接线。

【整改措施】

（1）立即安排整改，改正互感器一次和二次接线。

（2）重新正确接线后公变终端 96 点负荷数据恢复正常，终端电量正向计量，如图 3-168 所示。

瞬时有功	瞬时无功	A相电流	B相	C相
121.1000	-2.9200	165.400	220.400	138.600
137.7600	-1.2400	194.000	235.200	166.400
125.1000	-5.4200	210.600	171.400	159.000
120.8800	-6.4200	215.200	174.400	134.400
0.0000	0.0000	0.000	0.000	0.000
-118.0600	6.5000	-234.000	-157.200	-124.400
-106.9400	7.9400	-176.800	-188.000	-106.400

图 3-168　5 月 9 日正确接线前后电流变化情况

（3）5 月 10 日起，台区线损率恢复正常，稳定保持在 1.6% 左右，如图 3-169 所示。

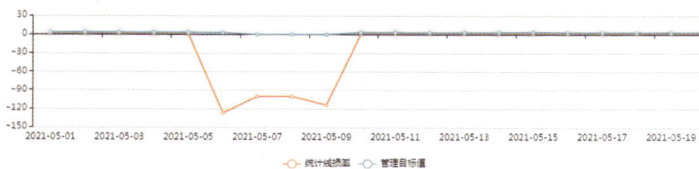

台区容量	台区供电量	台区用电量	线损电量	线损率	理论线损率
630	3030.00	2983.00	47.00	1.55	2.04
630	2624.00	2577.26	46.74	1.78	1.34
630	2456.00	2416.03	39.97	1.63	1.43
630	2324.00	2283.71	40.29	1.73	1.26
630	2188.00	2155.01	32.99	1.51	1.41
630	2398.00	2357.76	40.24	1.68	1.38
630	1514.00	3236.56	-1722.56	-113.78	0.00
630	0	4542.23	-4542.23	-100.00	0.00

图 3-169　5 月 9 日正确接线前后台区线损率情况

◢【小结和建议】

（1）此案例反映出的问题较为典型，首次安装公变终端时，发现电流互感器一次进出线方向错误，未及时彻底整改，采用不规范的方式处理，给第二次更换发生错误接线埋下了隐患。

（2）5月6日运维人员更换台区智能融合终端时，因互感器安装在计量箱的背面，未做检查，按照常规的互感器二次线S1和S2方向接线，造成错误发生。

（3）安装接线完毕，因台区智能融合终端无数据显示功能，未能在现场对终端数据做检查，事后未通过系统检查复核发现异常接线。

（4）无论新装和更换，均应严格按照省公司下发的装表接电一本通规范装接，严格把好装接质量关。

案例5　光伏台区公变终端错接线导致台区无序高损和负损

◢【案例描述】

某农村低压台区2020年上半年新投运后数月，台区线损率持续大幅无规则波动，有时为高线损，有时为负线损，期间线损率波动幅度超过10个百分点，7月以来尤为明显，如图3-170所示。供电所多次组织核查，均未查明原因，市公司线损治理小组列为9月重点指导帮扶清单。

台区容量	台区供电量	台区用电量	线损电量	线损率
400	315.00	295.00	20.00	6.35
400	352.00	336.00	16.00	4.55
400	278.00	273.00	5.00	1.80
400	116.00	132.00	-16.00	-13.79
400	221.00	211.00	10.00	4.52
400	145.00	148.00	-3.00	-2.07
400	159.00	161.00	-2.00	-1.26
400	194.00	191.00	3.00	1.55

图3-170　该台区2020年7月线损率变化情况

◢【分析研判】

（1）该台区为农村光伏台区，采用架空线路供电。从采集系统查看，该台区新增投运后，70户低压用户从原供电台区切割转接至本台区，台区内光伏上网4户，采集覆盖率100%，采集成功率大部分达到100%，台区总用电量较小，日用电量基本在300kWh以下，光伏上网关口计量点设置正确，存在部分日期采集问题影响线损率计算情况，但影响程度有限。

（2）核查原台区线损率，均保持较为稳定的合理状态，基本排除台区切割过程中用户对应关联错误原因。

（3）前期数月，供电所人员对台区内低压用户和光伏发电用户计量装置进行过全面检查，均未发现接线错误情况。

（4）查看采集系统公变终端电量情况，因该台区光伏发电容量相对较大，用户用电量较小，倒送电量情况较为频繁，正向有功和反向有功抄表数据均有不同程度增加，未发现明显异常。

（5）线损治理小组进一步分析上网电量与线损率变化关系，发现其间存在较强关联，天气晴朗发电量较大时，线损率变化幅度越大。于是怀疑公变终端接线存在问题，决定实施现场核查。

◢【现场核查】

（1）9月底，线损治理小组前往台区现场核查公变终端接线情况，联合接线盒与公变终端接线未发现异常。

（2）继续仔细检查电流互感器二次线接线情况，发现其中一相进出线接反。

◢【整改措施】

（1）在线损治理小组的指导下，供电所于9月28日安排改正公变终端接线，恢复正常计量。

（2）9月29日起台区线损率转为正常，10月以后持续保持稳定在2%以下，如图3-171所示。

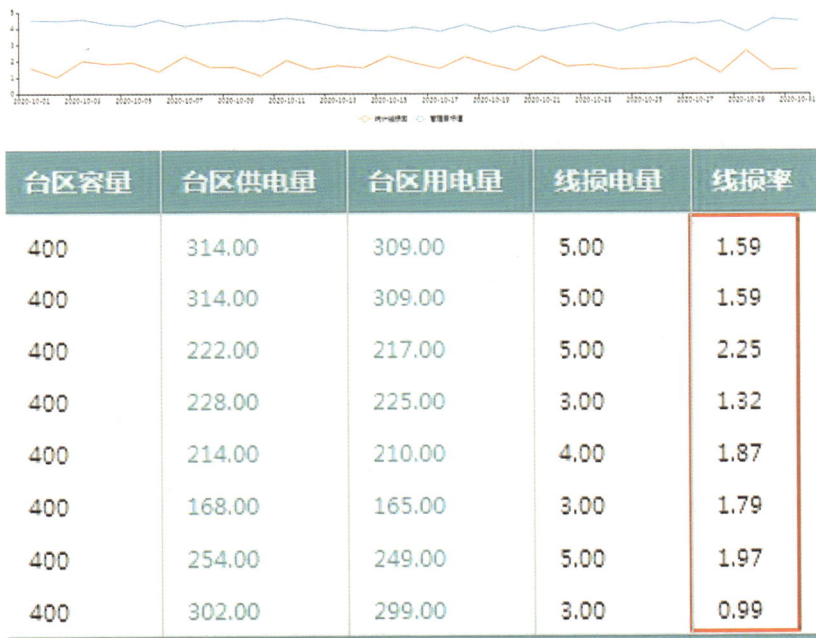

台区容量	台区供电量	台区用电量	线损电量	线损率
400	314.00	309.00	5.00	1.59
400	314.00	309.00	5.00	1.59
400	222.00	217.00	5.00	2.25
400	228.00	225.00	3.00	1.32
400	214.00	210.00	4.00	1.87
400	168.00	165.00	3.00	1.79
400	254.00	249.00	5.00	1.97
400	302.00	299.00	3.00	0.99

图3-171　该台区2020年10月线损率情况

【小结和建议】

（1）该台区因用户用电量较小，光伏发电上网电量倒送概率较大，因错接线造成公变终端反向电量极易误认为光伏上网倒送引起，掩盖了实际情况。

（2）该台区光伏发电出力与用户用电负荷存在弱平衡，一天内不同时段交替出现倒送电量，不易发现错误。

（3）光伏台区公变终端接线应重点关注。

第七节 线路和设备漏电类案例

案例 1 地埋低压电缆线路漏电

◢【案例描述】

线损治理小组发现，某某西路公一变自 2021 年 5 月下旬开始，台区线损率突然超出合理区间上限，截取 6 月 1 日至 20 日数据可见，台区最大日线损率达 24.65%，最大日损失电量 133.10kWh。如图 3-172 所示。

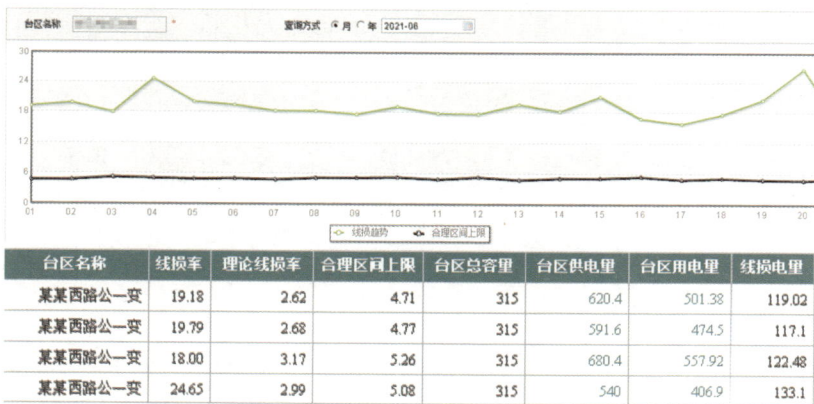

台区名称	线损率	理论线损率	合理区间上限	台区总容量	台区供电量	台区用电量	线损电量
某某西路公一变	19.18	2.62	4.71	315	620.4	501.38	119.02
某某西路公一变	19.79	2.68	4.77	315	591.6	474.5	117.1
某某西路公一变	18.00	3.17	5.26	315	680.4	557.92	122.48
某某西路公一变	24.65	2.99	5.08	315	540	406.9	133.1

图 3-172 该台区在 6 月 1 日至 20 日的线损率变化情况

◢【分析研判】

（1）台区供电方式采用架空线和电缆混合线路。从采集系统查看，台区线损率变化前后用户电能表数量未出现变化。且采集覆盖率 100%，采集成功率 100%，未发现影响线损计算因素。

（2）核查周边相邻台区，未发现有线损异常情况。同时段内也未出现电能表数量变动，基本排除户变对应关系错误因素。

（3）比对分析台区内各用户日用电量的变化情况，基本保持稳定，未发现用电数据异常。

（4）台区内用户以非居用电为主，经核查5月14日之前的日均损失电量2.74kWh，突然增加到目前日均损失电量127.92kWh，日均净增损失电量125.18kWh，初步研判可能存在沿街临时小基建施工等容量较大用电设备违约用电。

（5）台区线损率突然增大，且线损电量较为稳定，不排除低压线路、设备漏电的可能。

综上研判，该台区突然出现大线损，重点应核查违约用电、漏电等方面的问题。

【现场核查】

（1）携带台区用户清单等资料，组织现场巡视核查沿街线路及周边情况，未发现违约用电情况。

（2）当实测架空变压器低压 JP 柜引出的低压电缆线路时发现，公用变压器东侧低压电缆线路上漏电值约23A 左右，确认公用变压器东侧低压电缆线路上某处有漏电，实测公用变压器东侧低压 JP 柜引出的低压电缆线路实物图，如图3-173 所示。

图 3-173　实测公用变压器东侧低压 JP 柜引出的低压电缆线路实物图

沿街边向东低压架空线路方向核查，逐一实测各电能表表箱前电缆线路，发现 0.4kV—东 4 号铁塔杆旁红绿灯电能表的表前电缆线路漏电值 20A 左右，如图 3-174 所示。

图 3-174　实测 0.4kV—东 4 号杆旁红绿灯表前表前电缆线路实景图

随即实测公路对面红绿灯电能表表前电缆线路的漏电值 0.06A 左右，如图 3-175 所示。

图 3-175　实测红绿灯电能表表前电缆线路实景图

经现场确认，漏电故障点在红绿灯电能表的表前电缆搭接点至红绿灯表前电缆搭接点之间横跨公路的地埋电缆线路之间。

综上所述，台区突然出现大线损的主要原因，是地埋电缆线路漏电引起。

◢【整改措施】

（1）线损治理小组第一时间联系了当地公安交管部门，向其说明此处红绿灯用电需尽快停电检修的原因，确定检修的停、送电时间等相关工作。

（2）漏电点故障于 6 月 21 日处理后，台区日均线损率在 0.44% 左右，日均损失电量 2.49kWh 左右，并保持稳定，如图 3-176 所示。

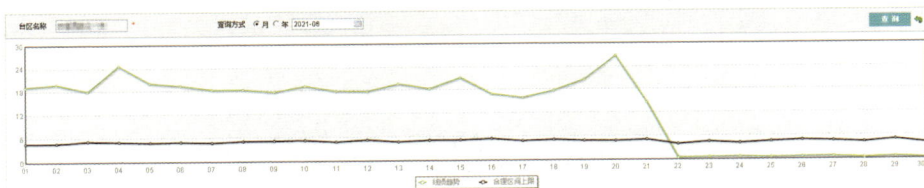

图 3-176 台区在 6 月 21 日治理前后线损率变化情况

◢【小结和建议】

（1）台区线损率较为稳定的台区，如出现线损率突增，且线损电量稳定并较大时，线路设备漏电引起的可能性较大。

（2）加强低压线路、线路通道、电能表表箱、表箱内设备、表前表后线等设备的日常巡视和管理，及时发现和处理漏电等异常问题。

案例2 落地式表箱表前线漏电

◢【案例描述】

线损治理小组发现，某公二变自 2021 年 3 月 19 日开始，台区线损率突然超出合理区间上限，截取 3 月 1 日至 28 日数据可见，台区最大日线损率达 8.04%，最大日损失电量 115.18kWh，如图 3-177 所示。

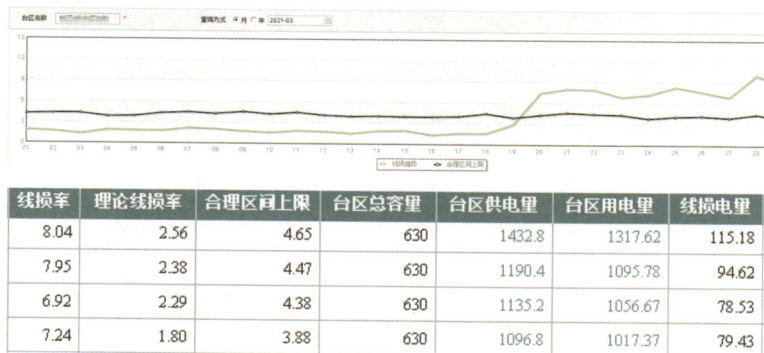

线损率	理论线损率	合理区间上限	台区总容量	台区供电量	台区用电量	线损电量
8.04	2.56	4.65	630	1432.8	1317.62	115.18
7.95	2.38	4.47	630	1190.4	1095.78	94.62
6.92	2.29	4.38	630	1135.2	1056.67	78.53
7.24	1.80	3.88	630	1096.8	1017.37	79.43

图 3-177   台区 3 月 1 日至 28 日的线损率变化情况

◢【分析研判】

（1）台区供电方式采用纯电缆线路。从采集系统查看，台区线损率变化前后用户电能表数量未出现变化，且采集覆盖率为 100%，采集成功率为 100%，未发现影响线损计算因素。

（2）核查周边相邻台区，未发现有线损异常情况。同时段内各台区也未出现电能表数量变动，户变关系变动引起线损率大增的可能性基本可排除。

（3）台区内以小区住宅居民用电为主，日均损失电量从 19 日之前的 21.27kWh，突然增加到 19 日之后的 91.56kWh，日均净增损失电量 70.29kWh，判断单一居民用户的违约用电可能性不大，比对分析台区内各电能表日用电量的变化情况，未发现用电数据异常。但不排除小区临时基建施工等人为违约用电。

（4）3 月下旬以来持续阴雨天气，持续且较为稳定的大线损，不排除电缆线路等低压设备有漏电可能性。

综上初步研判，排查该台区突然出现大线损原因，重点应核查违约用电、漏电等方面问题。

◢【现场核查】

（1）线损治理小区开展现场巡视核查，核查了小区内各楼栋及周边情况，未发现有临时施工等违约用电现象。

（2）进入小区配电室，对公用变压器低压侧出线逐个进行漏电检测，当实测公用变压器低压侧柜内某一路出线电缆线路时，发现至小区 40 号楼低压分接箱的电缆线路漏电值约 20A，按照估算一天损失电量基本与线损电量吻合，其他各路均未发现有漏电现象。实测发现低压分接箱电缆线路漏电实景图如图 3-178 所示。

图 3-178　实测发现低压分接箱电缆线路漏电实景图

（3）继续排查漏电点，发现某路灯电能表表前 RT 熔断器下桩头，有一根长时间未用的红色导线触碰接地漏电，如图 3-179 所示。

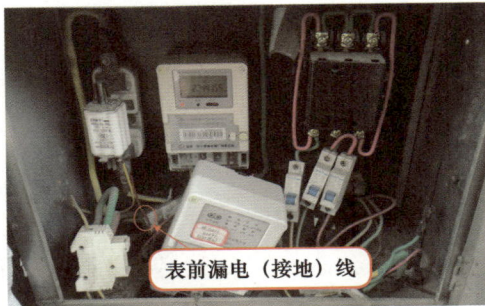

表前漏电（接地）线

图 3-179　电能表表前 RT 熔断器下桩头红色塑铜线
沿箱底下地实景图

【整改措施】

（1）线损治理小组当场拆除了遗留的导线，排除漏电故障。

（2）漏电故障处理完成后，4月的台区日均线损率在1.56%左右，日均损失电量15.70kWh左右，并保持稳定，如图3-180所示。

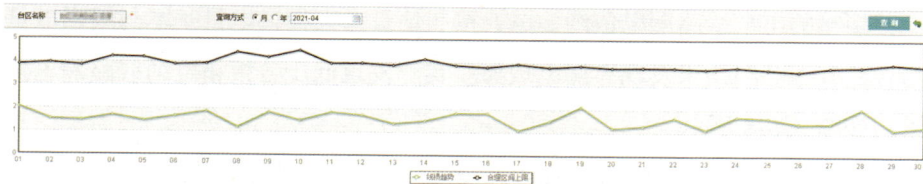

图3-180　台区治理后线损率情况

【小结和建议】

（1）该台区运行多年，属于老旧小区供配电设施，该处漏电点较为隐蔽，遗留导线原因难以查明，但运行管理不到位问题应引起重视。

（2）加强低压（电缆）线路、线路通道、电能表表箱等低压设备的日常巡视和管理。

（3）线损治理人员必须坚持每日关注系统内台区线损变化情况，对于突发性较为稳定的大线损，漏电可能性较高，应及时查找和发现问题，做到早发现、快治理。

案例3　落地式表箱箱体漏电

【案例描述】

线损治理小组发现，某公八变自2020年9月10日开始，台区线损率突然超出合理区间上限，截取9月1日至22日数据可见，最大日线损率达19.42%，最大日损失电量199.70kWh，如图3-181所示。

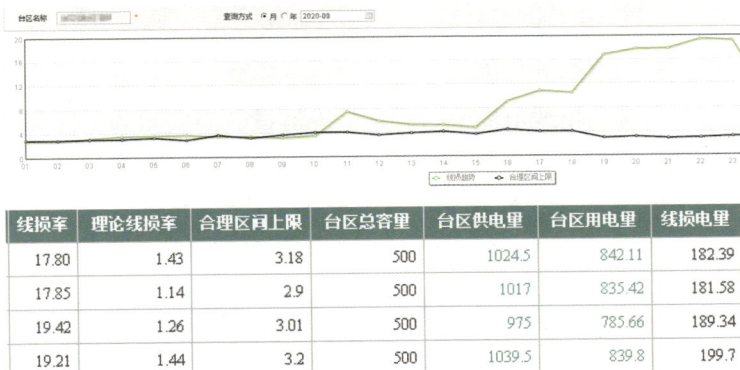

线损率	理论线损率	合理区间上限	台区总容量	台区供电量	台区用电量	线损电量
17.80	1.43	3.18	500	1024.5	842.11	182.39
17.85	1.14	2.9	500	1017	835.42	181.58
19.42	1.26	3.01	500	975	785.66	189.34
19.21	1.44	3.2	500	1039.5	839.8	199.7

图 3-181　台区 9 月 1 日至 23 日的线损率变化情况

【分析研判】

（1）台区供电方式采用纯电缆线路。从采集系统查看，台区线损率变化前后用户电能表数量未出现变化，采集覆盖率为 100%，采集成功率为 100%，未发现影响线损计算因素。

（2）采集系统内核查周边相邻台区情况，未发现有线损异常问题，同时段内也未出现电能表数量变动，对应关系错误引发该台区线损波动的可能性基本排除。

（3）选取正常日和异常日的数据，比对分析台区内各电能表日用电量的变化情况，未发现明显用电数据异常。

（4）台区线损率突然大幅增大，且线损电量较为稳定，电缆线路等低压设备漏电概率较大。

（5）该小区较偏僻，台区以居民用电为主，日均损失电量从 15 日之前的 46.46kWh，突然增加到之后的近 200kWh，日均净增损失电量超 100kWh，判断单一居民用户违约用电可能性不大，但不排除临时大容量设备违约用电可能。

经初步研判，该台区突然出现大线损，应重点核查漏电、违约用电等方面的问题。

【现场核查】

（1）携带相关资料和检测工具，组织现场核查。打开组合箱式变压器低压出线柜门，对各路出线电缆进行漏电情况测试，当实测到 1 号楼低压分接箱的出线电缆线路时，测得漏电值达 34A 左右。其他各路出线电缆线路未发现有漏电现象，如图 3-182 所示。

图 3-182　实测组合箱式变压器内第 1 路出线电缆漏电情况实图

（2）循此线路继续查找漏电点。因现场箱体结构紧凑，无法实测 1 号楼低压分接箱内各出线电缆线路漏电值，决定先采取巡视目测方式核查。

（3）当核查 1 号楼低压分接箱附件 1 只路灯用户落地表箱时，开箱前验电，发现路灯控制箱箱体外壳带电，检查人员随即戴上绝缘手套，打开箱门瞬间时箱内体感温度较高，仔细核查确认，是一根红色塑铜线绝缘外皮被划破出现接地漏电，实测红色塑铜线电流达 33.5A 左右，如图 3-183、图 3-184 所示。依此估算一天漏电损失电量与线损电量基本吻合，可以确定台区突然出现大线损的主要原因，是路灯控制箱体外壳与红色塑铜线绝缘外皮被划破出现接地漏电引起。

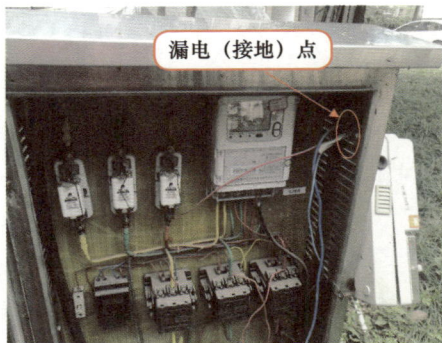

图 3-183　路灯控制箱内红色塑铜线外皮被划破接地漏电点实景图（一）　　图 3-184　路灯控制箱内红色塑铜线外皮被划破接地漏电点实景图（二）

【整改措施】

（1）线损治理小组保护好现场，第一时间联系设备运维人员，重新安装单相电能表箱，更换单相电能表表前线。

（2）漏电点故障于 9 月 23 日当天处理完毕后，台区日均线损率在1.08%，日均损失电量 8.71kWh 左右，并保持稳定，如图 3-185 所示。

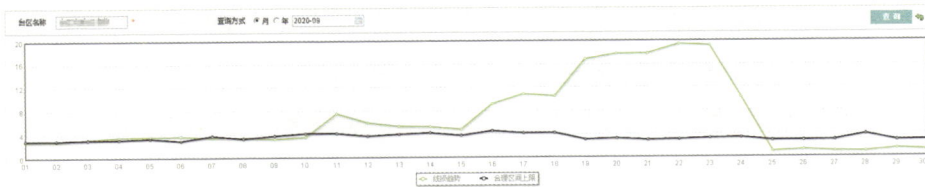

图 3-185　治理前后该台区线损率变化情况

【小结和建议】

（1）经了解，该单相表箱为临时用电计量表箱，因附近无其他电源点，临时从路灯配电箱内接入电源，安装不规范，导致漏电问题产生。Q/GDW/ZY 00017—2012《直接接入式电能计量装置装拆及验收标准化作业指导书》明确，电能表安装完成后，应对电能计量装置安装质量和接线进行检查，确保接线正确，工艺符合规范要求，这是一起工作行为不规范引起漏电隐患的案例。

（2）加强新装用电的验收把关，杜绝不规范装接引发安全和经济损失隐患，加大考核力度，对责任人严肃追责考核。

（3）设备运维人员加强日常低压（电缆）线路、线路通道、电能计量装置等低压设备的日常巡视和管理，及时发现和消除隐患。

案例 4 用户进户线 T 接点导线绝缘层破损后触碰拉线漏电

◢【案例描述】

2020 年 9 月下旬线损治理小组发现，某台区 7 月以前线损率一直在 3% 左右小幅波动，2020 年 7 月开始，该台区线损率逐渐增大至 5%，8 月逐渐增大至 6% 以上，9 月线损率最大值达 8% 以上。正值高温季节，该台区供电量较大，日均供电量 3000 多 kWh，最高日供电量超过 4300kWh，日线损电量最高达 290kWh，如图 3-186 ~ 图 3-188 所示（取 2020 年 7 月至 9 月的线损变化曲线）。

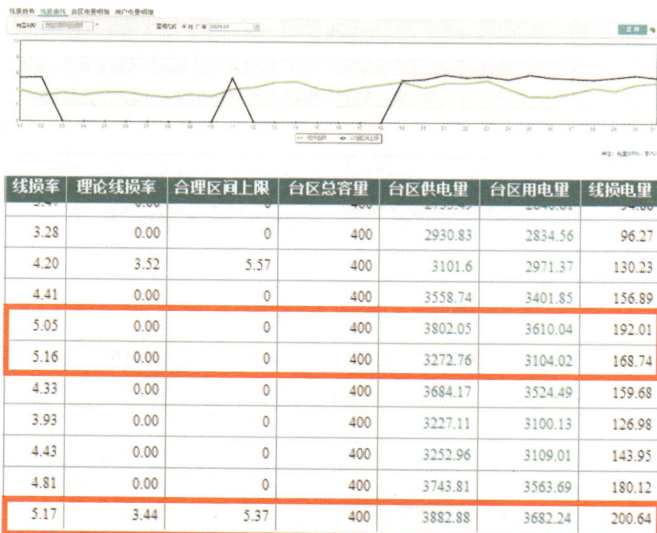

线损率	理论线损率	合理区间上限	台区总容量	台区供电量	台区用电量	线损电量
3.28	0.00	0	400	2930.83	2834.56	96.27
4.20	3.52	5.57	400	3101.6	2971.37	130.23
4.41	0.00	0	400	3558.74	3401.85	156.89
5.05	0.00	0	400	3802.05	3610.04	192.01
5.16	0.00	0	400	3272.76	3104.02	168.74
4.33	0.00	0	400	3684.17	3524.49	159.68
3.93	0.00	0	400	3227.11	3100.13	126.98
4.43	0.00	0	400	3252.96	3109.01	143.95
4.81	0.00	0	400	3743.81	3563.69	180.12
5.17	3.44	5.37	400	3882.88	3682.24	200.64

图 3-186 该台区 2020 年 7 月线损率曲线变化情况

线损率	理论线损率	合理区间上限	台区总容量	台区供电量	台区用电量	线损电量
4.91	4.21	6.18	400	3503.62	3331.65	171.97
4.79	4.26	6.23	400	3245.47	3090.06	155.41
6.28	4.18	6.14	400	2897.05	2715.14	181.91
6.33	4.10	6.06	400	3295.44	3086.95	208.49
6.45	4.02	5.98	400	3390.62	3171.77	218.85
6.25	4.15	6.11	400	3768.57	3533.16	235.41
6.69	4.07	6.03	400	3995.36	3728.25	267.11
6.85	4.35	6.32	400	4126.84	3844.18	282.66
6.80	4.22	6.18	400	4293.41	4001.3	292.11
6.52	4.16	6.12	400	3760.38	3515.04	245.34

图 3-187　该台区 2020 年 8 月线损率曲线变化情况

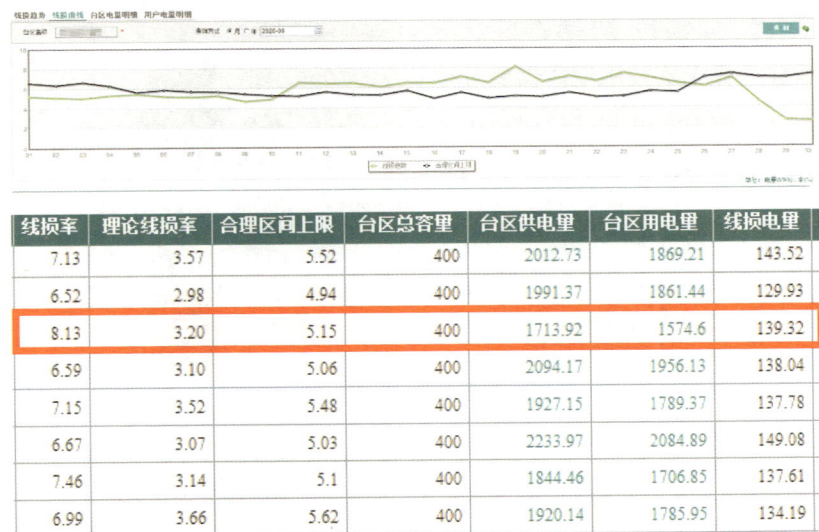

线损率	理论线损率	合理区间上限	台区总容量	台区供电量	台区用电量	线损电量
7.13	3.57	5.52	400	2012.73	1869.21	143.52
6.52	2.98	4.94	400	1991.37	1861.44	129.93
8.13	3.20	5.15	400	1713.92	1574.6	139.32
6.59	3.10	5.06	400	2094.17	1956.13	138.04
7.15	3.52	5.48	400	1927.15	1789.37	137.78
6.67	3.07	5.03	400	2233.97	2084.89	149.08
7.46	3.14	5.1	400	1844.46	1706.85	137.61
6.99	3.66	5.62	400	1920.14	1785.95	134.19

图 3-188　该台区 2020 年 9 月线损率曲线变化情况

◢【分析研判】

（1）该台区为架空线路供电方式，2020 年 7 月中旬起线损率逐步升高，且线损电量增加明显，查看采集系统数据，台区用户数量近半年多均无变化，采集覆盖率为 100%，采集成功率绝大部分日期达到 100%，个别日期有小电量用户采集失败估算情况，但不足以影响台区线损的明显波动，用户数无变化，基本可判定台区对应关系正确。

（2）比对分析该台区线损正常和异常情况下，两天相近用电量时该台区用户用电量的变化情况，未发现电量突增突减用户。

（3）系统召测大电量用户电量、电压、电流等数据，未发现有反向电量和电压、电流数据异常用户。

（4）由于台区线损电量较大且持续增加，大容量用电设备违约用电和线路设备漏电概率较大，需组织现场进一步核查。

◢【现场核查】

（1）9 月 28 日，组织人员开展现场排查。首先从公用变压器侧开始检测排查，使用漏电测试仪对公用变压器各路出线电缆进行检测，发现其中一路出线存在漏电现象，漏电电流 14A 左右，其余正常。估算一天漏电损失电量在 80kWh 左右。

（2）沿该路架空线路走向逐一进行漏电点排查，目测发现某用户进户线 T 接点导线与电杆拉线线夹紧贴，存在漏电可能，如图 3-189 所示。

一用户表前线 T 接点导线绝缘破损后触碰电杆拉线线夹，导致电杆拉线带电，出现漏电现象

图 3-189　用户进户线 T 接点导线与电杆拉线线夹紧贴

（3）工作人员随即用验电笔对拉线进行验电，验电笔显示拉线电压110V，立即用钳形电流表测量电流，经现场测量该处漏电电流达13.5A，基本与公用变压器出线漏电值一致，如图3-190和图3-191所示。

图3-190　测得电杆拉线电压110V

图3-191　测得电杆拉线漏电电流13.5A

（4）经拍摄照片放大观察，发现用户进户绝缘线安装时与电杆拉线线夹紧贴，长时间运行后因刮风等外力影响，绝缘层破损后导致拉线带电，出现漏电现象。基本判定该问题为引起台区线损升高的主要原因。

【整改措施】

（1）现场工作人员立即对拉线周围采取安全防护措施，并通知供电所运维人员到场，制订整改方案。

（2）当天下午完成现场缺陷整改，漏电现象消除。9月29日开始该台区线损率降到2.5%左右，并保持稳定，如图3-192所示。

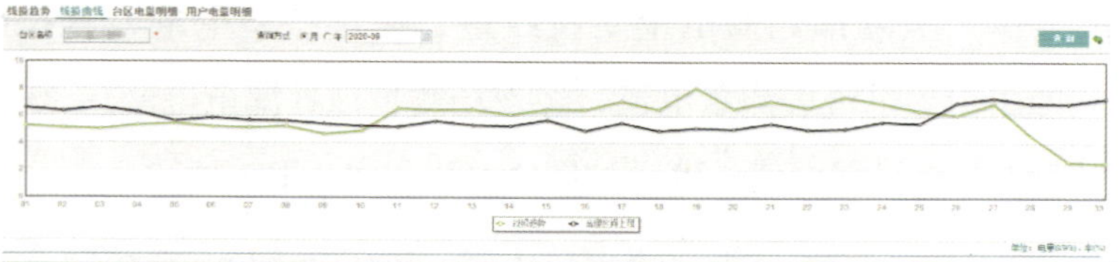

线损率	理论线损率	合理区间上限	台区总容量	台区供电量	台区用电量	线损电量
7.15	3.52	5.48	400	1927.15	1789.37	137.78
6.67	3.07	5.03	400	2233.97	2084.89	149.08
7.46	3.14	5.1	400	1844.46	1706.85	137.61
6.99	3.66	5.62	400	1920.14	1785.95	134.19
6.45	3.55	5.5	400	2130.89	1993.44	137.45
6.14	4.70	7.02	400	2064.26	1937.5	126.76
6.97	5.04	7.36	400	1802.19	1676.55	125.64
4.60	4.67	6.99	400	1895.07	1807.97	87.1
2.67	4.63	6.95	400	1805.83	1757.63	48.2
2.58	5.01	7.32	400	1900.9	1851.88	49.02

图 3-192　该台区 2020 年 9 月 29 日后线损恢复正常

【小结与建议】

（1）该案例为低压台区线路漏电且漏电电量逐渐增大问题的典型案例，针对该类问题需要台区经理密切关注管辖台区的线损变化趋势，及时发现并整改该类异常。

（2）加强系统监控，线损电量明显波动时，应及时分析。线损电量较大且比较稳定时，首先排查台区线路是否存在漏电现象，漏电排查按照"公变处—低压线路—台区用户"顺序进行现场排查，节约人力和时间成本，快速发现异常并及时闭环整改。

（3）加强配电网项目施工质量管控，防止出现装置性缺陷。

（4）加强线路设备日常巡视，春夏季节农村架空线路裸导线触碰树木等都造成漏电，引起台区线损升高。

（5）加强设备主人制责任的落实，加大考核力度，以提高台区运维人员的责任意识。

案例 5　公用变压器低压出线电缆漏电

◢【案例描述】

2020 年 9 月下旬线损治理小组发现，某台区 6 月 29 日以前线损率一直在 3% 以下小幅波动，2020 年 6 月 29 日，该台区线损率突然增大至5.50%，30 日增大至 7.15%，线损电量增加到 115.36kWh，后续该台区线损一直处于高损状态，如图 3-193 所示（截取 2020 年 6 月数据）。

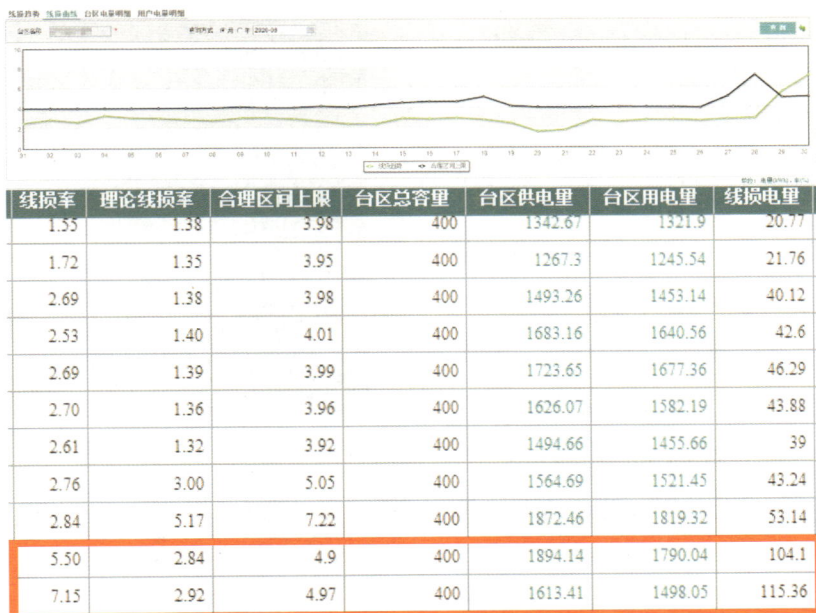

线损率	理论线损率	合理区间上限	台区总容量	台区供电量	台区用电量	线损电量
1.55	1.38	3.98	400	1342.67	1321.9	20.77
1.72	1.35	3.95	400	1267.3	1245.54	21.76
2.69	1.38	3.98	400	1493.26	1453.14	40.12
2.53	1.40	4.01	400	1683.16	1640.56	42.6
2.69	1.39	3.99	400	1723.65	1677.36	46.29
2.70	1.36	3.96	400	1626.07	1582.19	43.88
2.61	1.32	3.92	400	1494.66	1455.66	39
2.76	3.00	5.05	400	1564.69	1521.45	43.24
2.84	5.17	7.22	400	1872.46	1819.32	53.14
5.50	2.84	4.9	400	1894.14	1790.04	104.1
7.15	2.92	4.97	400	1613.41	1498.05	115.36

图 3-193　某台区 2020 年 6 月 29 日起线损突然增高

◢【分析研判】

（1）从用电信息采集系统查看，该台区线损异常变化前后总用户数未发生变动，核对用户档案未发现户变关系错误，采集覆盖率为 100%，除偶尔几天存在小电量采集失败估算外，绝大部分时间采集成功率为 100%，未发现明显影响线损计算的情况，近几个月也未有新装或增容业务。基本排除对应关系错误和新装增容业务引起线损升高的可能。

（2）比对分析该台区用户用电量的变化情况，未发现数据异常用户。但该台区线损电量持续稳定偏高，且逐月呈现增大趋势，初步研判可能存在漏电或大容量用电设备违约用电问题。

◢【现场核查】

（1）9月28日，线损治理小组人员从公用变压器侧开始排查，对JP柜箱门验电时发现箱门带电，随即对各路出线电缆进行漏电电流测试，发现其中一路出线电缆漏电电流严重偏高，经现场测量该处漏电电流高达23.7A左右，初步判定为引起台区线损偏高的主要原因，如图3-194所示。

（2）继续排查漏电原因，发现该台区运行多年，出线电缆敷设采用直埋方式，电缆长度约30m，经过一片荒地后转接架空线路。经分段检测，基本判定电缆受损漏电。

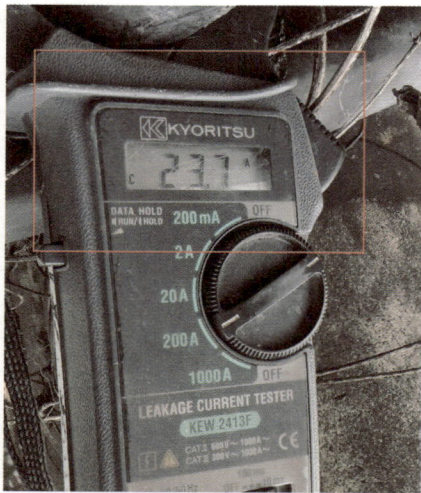

图3-194 公用变压器出线电缆漏电现场实图

◢【整改措施】

（1）查明情况后，线损治理小组立即会同供电所运维人员，对现场采取安全防护措施，并立即安排相关处理计划。

（2）实施了紧急消缺处理后，9月30日该台区线损率降到2.5%左右，且处理后线损率保持稳定，如图3-195所示。

线损率	理论线损率	合理区间上限	台区总容量	台区供电量	台区用电量	线损电量
2.77	3.73	5.75	400	1182.64	1149.88	32.76
2.64	3.97	5.99	400	1292.24	1258.13	34.11
2.55	3.98	6	400	1519.42	1480.71	38.71
2.48	3.91	5.92	400	1400.56	1365.79	34.77
2.55	3.58	5.6	400	1198	1167.42	30.59
2.57	3.62	5.63	400	1170.78	1140.67	30.11
2.58	3.85	5.87	400	1303.24	1269.61	33.63
2.70	3.69	5.7	400	1237.19	1203.75	33.44
2.69	3.84	5.86	400	1256.38	1222.6	33.78

图 3-195　该台区 2020 年 10 月起线损恢复正常

◢【小结与建议】

（1）该案例为典型的公用变压器出线为直埋电缆，因受到外力破坏导致公用变压器出线漏电异常，现场直埋电缆上方为荒地。

（2）针对此类线损电量较大且比较稳定的，但通过采集系统数据分析无法锁定异常用户的高损台区，应首先排查台区线路是否存在漏电现象，同时排查公变终端计量有无异常。

（3）漏电排查线损治理过程中，可按照"公变处—低压线路—台区用户"顺序进行现场排查。节约人力和时间成本，快速发现异常并及时闭环整改。

（4）加强线路设备日常巡视，春夏季节农村架空线路裸导线触碰树木等都造成漏电，引起台区线损升高。

（5）加强设备主人制责任的落实，加大考核力度，以提高台区运维人员的责任意识。

案例6　裸导线断线掉入鱼塘导致漏电

◢【案例描述】

2020 年 10 月线损治理小组发现，某台区 2020 年 10 月 23 日起线损升高，10 月 24 日线损率达到 17.06%，已持续几天。该台区为较为偏僻的农村供电台区，日供电量较小，供电半径相对较大，正常时台区线损率基本保持在 5% 左右，如图 3-196 所示（截取 2020 年 10 月的线损率变化曲线）。

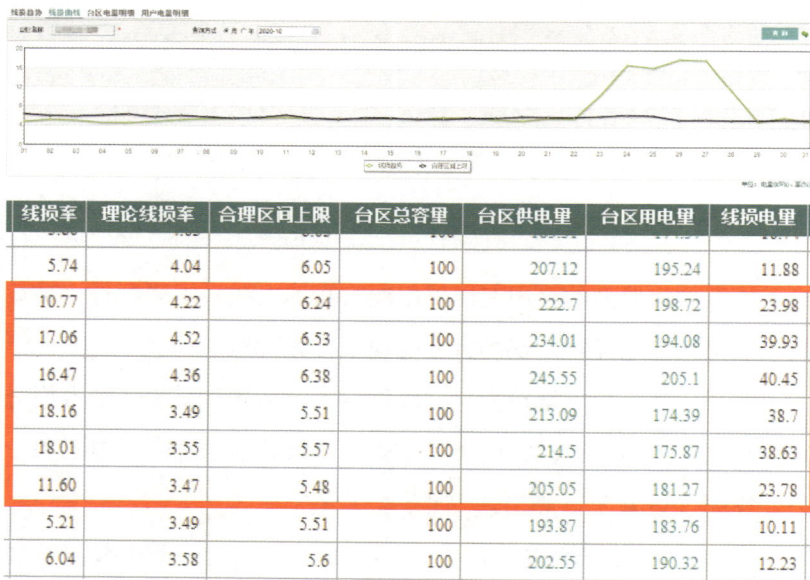

线损率	理论线损率	合理区间上限	台区总容量	台区供电量	台区用电量	线损电量
5.74	4.04	6.05	100	207.12	195.24	11.88
10.77	4.22	6.24	100	222.7	198.72	23.98
17.06	4.52	6.53	100	234.01	194.08	39.93
16.47	4.36	6.38	100	245.55	205.1	40.45
18.16	3.49	5.51	100	213.09	174.39	38.7
18.01	3.55	5.57	100	214.5	175.87	38.63
11.60	3.47	5.48	100	205.05	181.27	23.78
5.21	3.49	5.51	100	193.87	183.76	10.11
6.04	3.58	5.6	100	202.55	190.32	12.23

图 3-196　该台区 2020 年 10 月 23 日起线损突然增高

◢【分析研判】

（1）从用电信息采集系统查看，该台区线损异常变化前后总用户数未发生变动，近期也未有用户切割转接情况，采集覆盖率为 100%，采集成功率为 100%，未发现影响线损计算因素。相邻台区未发现线损率明显波动现象，基本可排除对应关系错误原因。

（2）比对分析该台区用户用电量的变化情况，未发现数据异常用户。但该台区线损电量持续多天大幅度偏高，初步研判可能存在漏电或违约用电问题，需立即组织现场排查。

◢【现场核查】

（1）2020年10月28日，线损治理小组人员从公用变压器侧开始排查，对各路出线电缆进行漏电电流测试，发现其中一路出线电缆漏电电流偏高，现场检测该处漏电电流达3.5A，依此估算每天漏电损失电量18kWh左右，初步判定为引起台区线损升高的主要原因。

（2）继续沿台区低压线路逐步排查，发现在其中一分支线的末端，有一裸导线断线掉落到池塘里，落水点附近漂浮着几条死鱼，判断应是漏电所致，如图3-197所示。

裸导线断线掉到池塘里，造成漏电

图3-197　裸导线掉入池塘导致漏电

◢【整改措施】

（1）经了解确认该线路为末端线路，运行多年，后段用户较长时间未用电，前些天因刮大风吹断。

（2）当天供电所立即安排相关故障处理，完成消缺后，10月29日开始该台区线损率降到5%左右，且保持稳定，如图3-198所示。

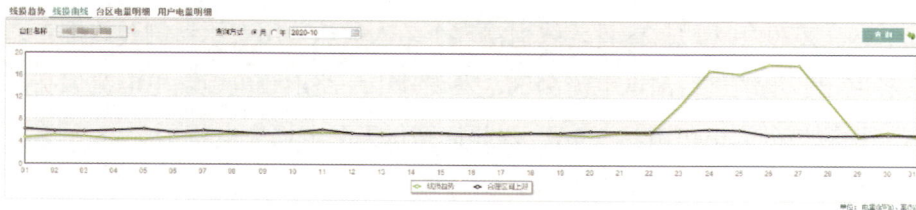

图3-198　该台区2020年10月29日起线损率恢复正常

◢【小结与建议】

（1）该案例是较为典型的台区线损治理促进安全管理案例，通过加强台区线损治理，密切监控线损异常变化，及时发现漏电问题，消除低压电网运行安全隐患。

（2）日常管理中应加强系统监控，线损电量明显波动时，应及时分析研判，线损电量较大且比较稳定时，首先排查台区线路是否存在漏电现象。

（3）运行管理单位应加强线路设备巡视，落实设备主人制责任，提高台区运维人员的责任意识。

（4）发现漏电现象，务必查清漏电原因，排查按照"公变处—低压线路—台区用户"顺序进行现场排查，快速发现异常并及时闭环整改，消除隐患。

案例 7　低压分接箱出线绝缘层烧坏导致漏电

◢【案例描述】

　　2021 年 7 月线损治理小组发现，某台区 2020 年 7 月 4 日起线损率突然升高，线损电量 150kWh 左右，线损率 9% ~ 10%，与正常线损率对比，日线损电量增加 100kWh 左右。该台区为农村集镇供电台区，用电户数超过 300 户，如图 3-199 所示（取 2021 年 7 月的线损率变化曲线和数据）。

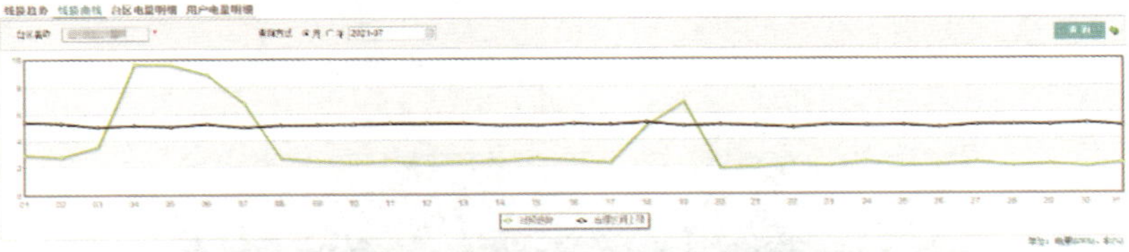

线损率	理论线损率	合理区间上限	台区总容量	台区供电量	台区用电量	线损电量
2.93	3.51	5.47	315	1159.09	1125.15	33.94
2.76	3.40	5.36	315	1149.39	1117.72	31.67
3.52	3.12	5.09	315	1280.13	1235.11	45.02
9.62	3.24	5.2	315	1537.78	1389.82	147.96
9.58	3.16	5.12	315	1583.45	1431.68	151.77
8.86	3.33	5.29	315	1710.67	1559.02	151.65
6.81	3.07	5.03	315	1456.58	1357.39	99.19
2.65	3.23	5.19	315	1759.92	1713.22	46.7
2.44	3.25	5.21	315	1824.16	1779.56	44.6

图 3-199　该台区 2021 年 7 月线损变化情况

◢【分析研判】

　　（1）从用电信息采集系统查看，该台区线损异常变化前后总用户数未发生变动，近期也未有用户切割转接情况，采集覆盖率为 100%，采集成功率为 100%，未发现影响线损计算因素。相邻台区未发现线损率明显波动现象，基本可排除对应关系错误原因。

（2）该台区用电户数多，但只有几户三相供电用户，绝大部分为单相供电用户，日电量较小。比对分析该台区用户用电量的变化情况，均未发现数据异常用户。但该台区线损电量突然大幅度升高后，持续保持几天，初步研判可能存在漏电或违约用电问题，需立即组织现场排查。

◢【现场核查】

（1）工作人员立即开展现场排查，使用漏电测试仪测量公用变压器出线电缆，发现其中一路出线存在漏电现象。

（2）随即沿电缆走向，检查各路分接箱和配电箱，当排查到一处分接箱时，发现低压出线绝缘层烧坏导致箱体带电，如图 3-200 所示。

低压出线绝缘层烧坏
导致配电箱带电

图 3-200　低压分接箱出线电缆绝缘层烧坏

◢【整改措施】

（1）工作人员立即组织故障处理，当天完成现场紧急处理后，检测漏电现象消失。

（2）完成整改次日 7 月 8 日起该台区线损率降到 2.65% 左右，重新恢复正常，且保持稳定，如图 3-201 所示。

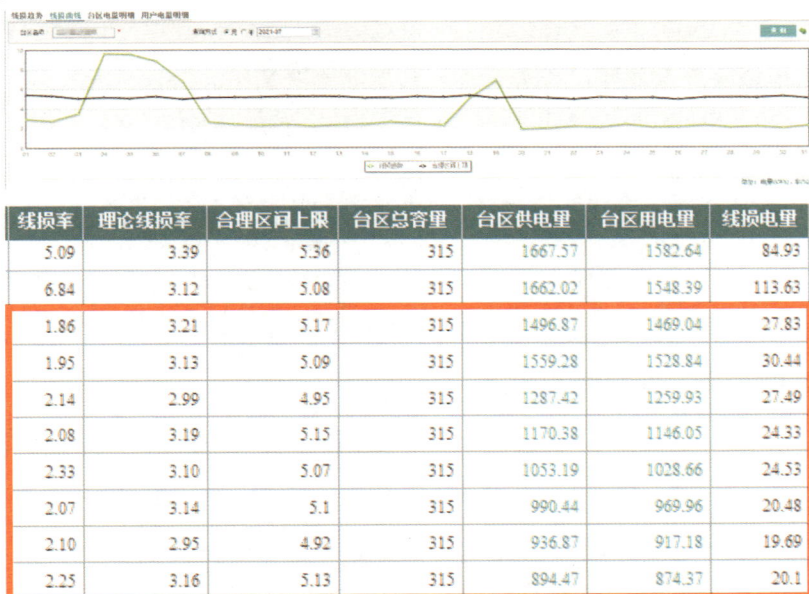

图 3-201　该台区 2021 年 7 月 8 日起线损率恢复正常

线损率	理论线损率	合理区间上限	台区总容量	台区供电量	台区用电量	线损电量
5.09	3.39	5.36	315	1667.57	1582.64	84.93
6.84	3.12	5.08	315	1662.02	1548.39	113.63
1.86	3.21	5.17	315	1496.87	1469.04	27.83
1.95	3.13	5.09	315	1559.28	1528.84	30.44
2.14	2.99	4.95	315	1287.42	1259.93	27.49
2.08	3.19	5.15	315	1170.38	1146.05	24.33
2.33	3.10	5.07	315	1053.19	1028.66	24.53
2.07	3.14	5.1	315	990.44	969.96	20.48
2.10	2.95	4.92	315	936.87	917.18	19.69
2.25	3.16	5.13	315	894.47	874.37	20.1

【小结与建议】

（1）该案例中漏电是由于低压分接箱一相导线电流过大，严重发热后造成绝缘层烧损，引起触碰箱体漏电，不仅造成漏电损失同时也存在安全隐患。

（2）通过加强台区线损治理，密切监控线损异常变化，及时发现了漏电问题，3 天即发现并及时消除了低压电网运行安全隐患。

（3）加强系统监控，线损电量明显波动时，应及时分析研判，线损电量较大且比较稳定的，首先排查台区线路是否存在漏电现象。

（4）该台区漏电问题主要是三相负荷不平衡所致，应加强日常运行监控，合理调整负荷分布，避免和减少此类问题发生。

案例 8 集束电缆绝缘层被钢绞线磨破导致漏电

◢【案例描述】

2021 年 7 月线损治理小组发现，某台区 2021 年 7 月 22 日起突然升高，其中 7 月 23 日线损电量 234.9kWh，线损率 37.36%，如图 3-202 所示（截取 2021 年 7 月的线损变化曲线）。该台区供电范围较小，用户数不足 50 户，日供电量在 700kWh 以内。

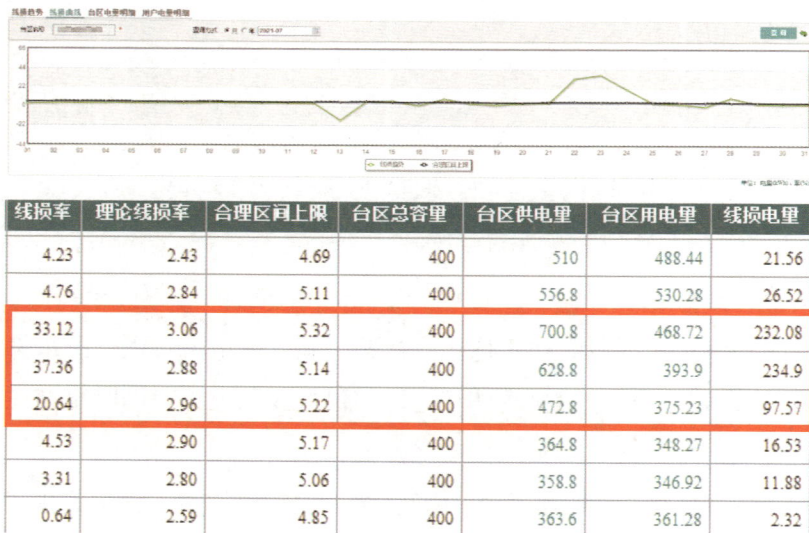

线损率	理论线损率	合理区间上限	台区总容量	台区供电量	台区用电量	线损电量
4.23	2.43	4.69	400	510	488.44	21.56
4.76	2.84	5.11	400	556.8	530.28	26.52
33.12	3.06	5.32	400	700.8	468.72	232.08
37.36	2.88	5.14	400	628.8	393.9	234.9
20.64	2.96	5.22	400	472.8	375.23	97.57
4.53	2.90	5.17	400	364.8	348.27	16.53
3.31	2.80	5.06	400	358.8	346.92	11.88
0.64	2.59	4.85	400	363.6	361.28	2.32

图 3-202 该台区 2021 年 7 月 22 日起线损突然增高

◢【分析研判】

（1）从用电信息采集系统查看，该台区共有低压用户 49 户，线损异常变化前后总用户数未发生变动，近期也未有用户切割转接情况，采集覆盖率为 100%，采集成功率为 100%，未发现影响线损计算因素。相邻台区未发现线损率明显波动现象，基本可排除户变对应关系错误原因。

（2）该台区用电户数较少，均为单相用电，日用电量较小。比对分析该台区用户用电量的变化情况，均未发现数据异常用户。但该台区线损电量突然大幅度升高后，持续两天超过 200kWh，初步研判可能存在漏电问题，需立即组织现场排查。

▲【现场核查】

（1）工作人员立即开展现场排查，使用漏电测试仪测量公用变压器出线电缆，发现其中一路出线存在漏电现象。

（2）该台区主要以集束电缆架空敷设，按照该路电缆走向，继续沿线逐段排查，最后发现一处户联线集束电缆与钢绞线缠绕在一起，被钢绞线磨破造成漏电，如图 3-203 所示。

图 3-203　某户联线集束电缆被钢绞线磨破造成漏电

▲【整改措施】

（1）工作人员立即组织故障处理，当天完成现场故障处理后，检测漏电现象消失。

（2）完成整改次日 7 月 26 日起该台区线损率降到 4% 以下，重新恢复正常，且保持稳定。

◢【小结与建议】

（1）该案例中漏电是由于集束电缆与钢绞线触碰破损后，引起漏电，造成电量损失的同时也存在安全隐患。实际运行中，因刮风等外力因素，集束电缆磨损后造成漏电发生概率不小，应在施工中加以防范。

（2）通过加强台区线损治理，密切监控线损异常变化，及时发现了漏电问题，3 天内即发现并及时消除了低压电网运行安全隐患，再次凸显台区线损治理的重要性。

（3）加强系统监控，线损电量明显波动时，应及时分析研判，线损电量较大且比较稳定的，首先排查台区线路是否存在漏电现象。

案例 9　表箱进线绝缘层烧坏触碰金属外壳导致漏电

◢【案例描述】

2021 年 7 月线损治理小组发现，某台区 2021 年 7 月 5 日起线损率升高，且线损电量增加明显，7 月 6 日线损电量 509.51kWh，线损率为 14.20%，比正常日线损电量增加近 500kWh，如图 3-204 所示（截取 2021 年 7 月的线损率变化曲线）。

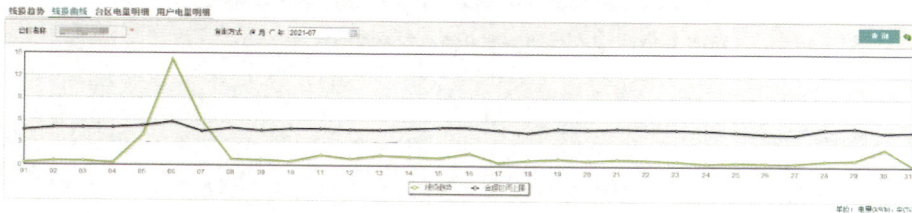

图 3-204　该台区 2021 年 7 月 5 日起线损突然增高

线损率	理论线损率	合理区间上限	台区总容量	台区供电量	台区用电量	线损电量
0.56	3.08	5.04	315	2517.56	2503.42	14.14
0.33	3.10	5.06	315	2664.2	2655.31	8.89
4.04	3.31	5.27	315	3083.46	2958.79	124.67
14.20	3.83	5.8	315	3587.17	3077.66	509.51
5.93	2.58	4.54	315	3533.62	3324.13	209.49
0.84	3.03	5	315	3468.98	3439.82	29.16
0.72	2.70	4.66	315	3462.72	3437.81	24.91
0.58	2.95	4.91	315	3507.4	3487.2	20.2

图 3-204　该台区 2021 年 7 月 5 日起线损突然增高（续）

◢【分析研判】

（1）从用电信息采集系统查看，该台区共有用户 299 户，线损异常变化前后总用户数保持稳定，近期也未有电源转接情况，采集覆盖率为 100%，采集成功率为 100%，未发现影响线损计算因素。相邻台区未发现线损率明显波动现象，基本可排除户变对应关系错误原因。

（2）该台区用电户数较多，其中 30 多户三相用电户，日用电量较大的有 10 户左右，日均用电量在 80～200kWh 之间。该台区突增线损电量 500多 kWh，三相用户异常用电可能性较大，基本可排除单相用户问题可能性。

（3）进一步比对分析该台区线损率正常和异常日的三相用户用电量的变化情况，均未发现数据异常用户。但该台区线损电量突然大幅度升高后，从第一天的 209kWh 迅速增加到第二天的 509kWh，初步研判可能存在漏电问题，需立即组织现场排查。

◢【现场核查】

（1）2021 年 7 月 7 日，供电所线损治理小组组织现场核查，使用漏电测试仪测量公用变压器出线电缆，发现其中一路出线存在漏电现象。

（2）线损治理小组成员沿线路走向逐一排查漏电点，最终发现一只壁挂式多表位金属表箱箱体漏电。

（3）仔细检查箱内情况，发现因夏季用电负荷较大，进户线发热严重，电源进线绝缘烧损，触碰金属表箱外壳，造成漏电，如图 3-205 所示。

（4）对其他三相用电户逐户检查，未发现异常。

图 3-205　进线绝缘层烧坏触碰金属外壳导致漏电

◢【整改措施】

（1）工作人员在告知相关用户后，立即安排故障紧急处理，及时消除了漏电隐患。

（2）故障处理后次日，7 月 8 日该台区线损率降到 1% 左右，恢复正常，且保持稳定（如图 3-206 所示）。

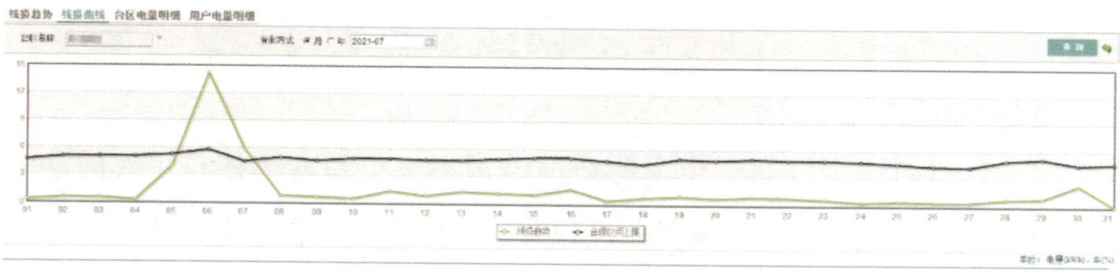

图 3-206　该台区 7 月 8 日起线损率恢复正常

【小结与建议】

（1）该案例为多表位表箱进线绝缘破损引发金属表箱外壳漏电，在实际运行中，可能引发不良安全后果，需引起高度重视。

（2）夏季高温季节，漏电发生概率相对较高，当台区线损率发生突增时，应及时研判和排查是否存在漏电情况。

（3）加强配电网项目施工质量管控，提高现场安装质量，防止出现装置性缺陷。

案例 10 联户线绝缘层被钢棚架磨破导致漏电

【案例描述】

2021 年 7 月线损治理小组发现，某台区 2021 年 7 月起线损逐渐升高，其中 7 月 13 日起线损电量达到 300kWh 以上，比正常时增加日线损电量 200kWh 以上，如图 3-207 所示（截取 2020 年 7 月的线损率变化曲线）。

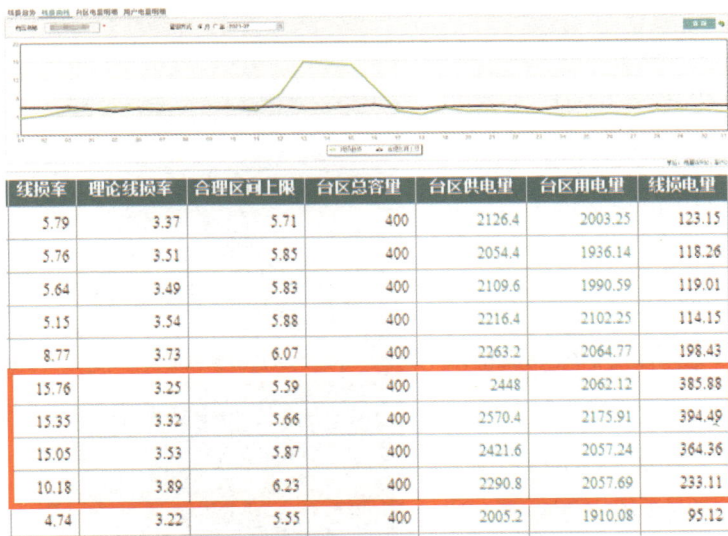

线损率	理论线损率	合理区间上限	台区总容量	台区供电量	台区用电量	线损电量
5.79	3.37	5.71	400	2126.4	2003.25	123.15
5.76	3.51	5.85	400	2054.4	1936.14	118.26
5.64	3.49	5.83	400	2109.6	1990.59	119.01
5.15	3.54	5.88	400	2216.4	2102.25	114.15
8.77	3.73	6.07	400	2263.2	2064.77	198.43
15.76	3.25	5.59	400	2448	2062.12	385.88
15.35	3.32	5.66	400	2570.4	2175.91	394.49
15.05	3.53	5.87	400	2421.6	2057.24	364.36
10.18	3.89	6.23	400	2290.8	2057.69	233.11
4.74	3.22	5.55	400	2005.2	1910.08	95.12

图 3-207 该台区 2021 年 7 月 13 日线损突然升高

▲【分析研判】

（1）从用电信息采集系统查看，该台区共有用户 71 户，今年初以来用户数始终保持稳定，近期也未有其他电源转接情况，采集覆盖率为 100%，采集成功率为 100%，未发现影响线损计算因素。相邻台区未发现线损率明显波动现象，基本可排除户变对应关系错误原因。

（2）该台区内用电户数较少，其中大部分为单相居民用电，日用电量较大的主要是村委会、移动公司、铁塔公司等几户三相用户，日均用电量在 60～220kWh 之间。该台区突增线损电量 200kWh 以上，基本可排除单相用户用电问题可能性，三相用户计量异常或其他非正常用电可能性存在，需现场核查确认。

（3）进一步比对分析该台区线损率正常和异常日的三相用户用电量的变化情况，均未发现数据异常用户。但该台区线损电量突然大幅度升高后，稳定在 360kWh 以上，初步研判可能存在漏电问题概率较大，需立即组织现场排查。

▲【现场核查】

（1）2021 年 7 月 17 日，供电所线损治理小组组织现场核查，使用漏电测试仪测量公用变压器出线电缆，发现其中一路出线存在漏电现象。

（2）线损治理小组成员沿线路走向逐一排查漏电点，最终发现漏电点位于用户房屋钢架棚与联户线集束电缆线夹触碰点，如图 3-208 所示。

导线绝缘层被钢棚磨破漏电

图 3-208 集束电缆绝缘层被钢棚磨破导致漏电现场

（3）经了解，用户安装钢架雨棚时，过于贴近集束电缆，因用电负荷较大进户线发热，逐渐被用户钢棚磨破，造成漏电。

【整改措施】

（1）工作人员在告知用户安全隐患信息后，立即安排故障紧急处理，及时消除了漏电隐患。

（2）故障处理后次日，7 月 18 日该台区线损率降到 4% 左右，恢复正常，且保持稳定，如图 3-209 所示。

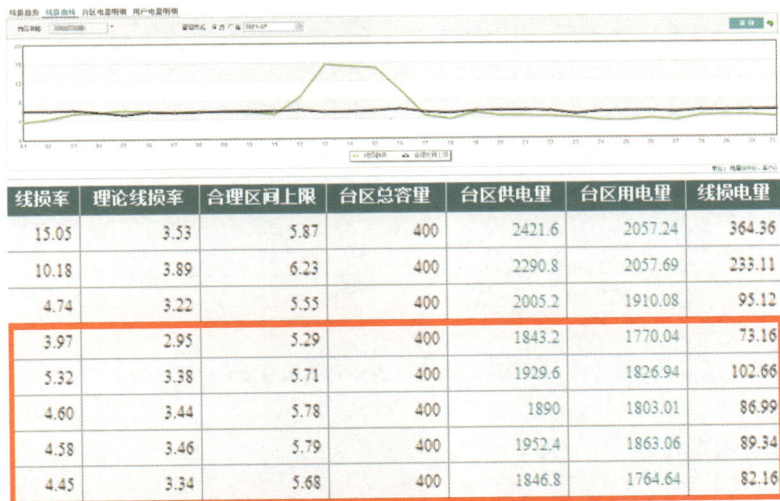

线损率	理论线损率	合理区间上限	台区总容量	台区供电量	台区用电量	线损电量
15.05	3.53	5.87	400	2421.6	2057.24	364.36
10.18	3.89	6.23	400	2290.8	2057.69	233.11
4.74	3.22	5.55	400	2005.2	1910.08	95.12
3.97	2.95	5.29	400	1843.2	1770.04	73.16
5.32	3.38	5.71	400	1929.6	1826.94	102.66
4.60	3.44	5.78	400	1890	1803.01	86.99
4.58	3.46	5.79	400	1952.4	1863.06	89.34
4.45	3.34	5.68	400	1846.8	1764.64	82.16

图 3-209　该台区 2021 年 7 月 18 日起线损恢复正常

【小结与建议】

（1）该案例为用户安全意识薄弱，在紧贴电源导线的位置擅自安装金属构件，导致绝缘破损引发漏电，在实际运行中，如不及时发现并快速处置，可能引发不良安全后果，需引起高度重视。

（2）夏季高温季节，漏电发生概率相对较高，当台区线损率发生突增时，应及时研判和排查是否存在漏电情况，减少电量损失的同时，消除安全隐患。

案例 11 联户集束电缆绝缘层被线夹磨破导致漏电

◢【案例描述】

线损治理小组发现，2022 年 1 月 16 日开始，某台区线损突然增大，此后几天，持续保持异常高线损率，日线损电量 230kWh 左右，线损率高达 17%，而正常时台区线损率基本稳定在 2.4% 左右，如图 3-210 所示。

线损率	理论线损率	合理区间上限	台区总容量	台区供电量	台区用电量	线损电量
2.50	3.47	5.38	400	1274.95	1243.07	31.88
2.39	3.45	5.35	400	1372.06	1339.23	32.83
6.29	3.38	5.28	400	1295.64	1214.16	81.48
16.89	3.45	5.35	400	1390.45	1155.66	234.79
16.59	3.53	5.43	400	1381.94	1152.7	229.24
16.40	3.64	5.55	400	1369.34	1144.74	224.6
17.42	3.52	5.43	400	1303.48	1076.42	227.06
11.63	3.68	5.58	400	1175.32	1038.61	136.71
2.44	3.37	5.28	400	1197.98	1168.77	29.21
2.37	3.39	5.3	400	1209.65	1181.01	28.64

图 3-210　该台区 2022 年 1 月中旬线损电量变化情况

◢【分析研判】

（1）从用电信息采集系统查看，该台区共有用户 125 户，台区日供电量 1200kWh 左右，线损异常突变后总用户数未发生变动，相邻区域台区线损率未发现异常波动情况，未发现线损率明显下降或负线损台区，期间台区采集覆盖率为 100%，采集成功率为 100%，未发现影响线损计算的异常情况，基本可排除户变关系错误原因。

（2）该台区有 18 户光伏发电用户，核查线损异常变化前后，未发现档案及数据异常情况。

（3）比对分析该台区线损变化前后的供售电量变化情况，台区售电量一直很稳定，而供电量则是突然变大，且线损电量的增幅很大。进一步分析发现，1月17日和18日的线损率和线损电量不仅增幅很大而且很稳定，保持230kWh左右。

结合以上情况研判，台区内存在漏电的可能性较大，也可能存在大容量用电设备违约用电问题，需立即组织现场核查。

◢【现场核查】

（1）2022年1月20日，供电所工作人员前往现场核查，在配电柜总出线处使用漏电检查仪测得漏电电流为29A，依此估算一天的漏电量与该台区一天的线损电量基本吻合，确认漏电是造成该台区线损超大的主要原因，如图3-211所示。

（2）继续分线分段开展漏电点排查，最终查明一处户联线线夹处漏电，如图3-212所示。

图3-211　现场测量低压总出线处漏电值29A

图3-212　户联线线夹处检测漏电电流29.3A

（3）经了解，此前该处户联线被车剐碰过，受力后线夹把集束电缆的绝缘层夹破，使线夹带电后造成线路漏电。

◢【整改措施】

（1）查明漏电点后，工作人员立即组织消缺处理，更换被夹破的集束电缆。

（2）完成现场消缺整改后，1月27日台区线损率回落至3.24%，线损电量41.44kWh，此后均保持稳定。漏电处理如图3-213所示。

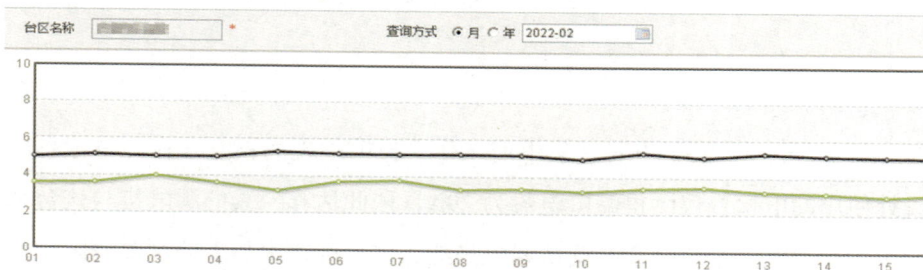

图3-213　漏电处理后该台区2月的线损率曲线情况

◢【小结和建议】

（1）该台区是农村供电台区，持续大电流漏电，但安装在台区低压侧的剩余电流动作保护器（也称台区总保）未能正常动作，说明该台区总保未正常投运，存在运行管理不到位问题。

（2）农村TT系统台区总保的投运非常重要，涉及人身和设备安全，应加强日常巡视运维，确保100%投运。

（3）应加强台区线损日常监控，通过线损率突变及时发现线路运行异常情况，快速分析研判，及时排查处置漏电等影响安全和企业经济效益的突发问题。

第八节 外力破坏类案例

案例 1 施工外力破坏导致地下电缆破损漏电

◢【案例描述】

2021 年 12 月线损治理小组发现，城区某台区 2021 年 12 月 27 日以前线损率一直在 2.0% 上下小幅波动，日均线损电量 30kWh 左右，从 12 月 28 日起线损率突然增高，29 日线损电量增加到 245.84kWh，连续两天该台区线损一直处于高损异常状态，如图 3-214 所示。

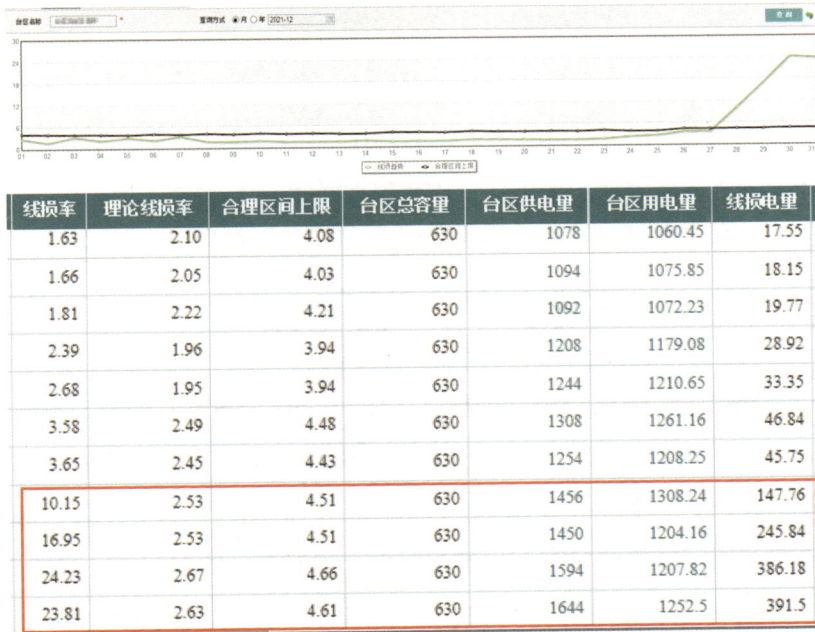

线损率	理论线损率	合理区间上限	台区总容量	台区供电量	台区用电量	线损电量
1.63	2.10	4.08	630	1078	1060.45	17.55
1.66	2.05	4.03	630	1094	1075.85	18.15
1.81	2.22	4.21	630	1092	1072.23	19.77
2.39	1.96	3.94	630	1208	1179.08	28.92
2.68	1.95	3.94	630	1244	1210.65	33.35
3.58	2.49	4.48	630	1308	1261.16	46.84
3.65	2.45	4.43	630	1254	1208.25	45.75
10.15	2.53	4.51	630	1456	1308.24	147.76
16.95	2.53	4.51	630	1450	1204.16	245.84
24.23	2.67	4.66	630	1594	1207.82	386.18
23.81	2.63	4.61	630	1644	1252.5	391.5

图 3-214 该台区 2021 年 12 月线损率变化情况

◢【分析研判】

（1）从用电信息采集系统查看，该台区共有低压用户 73 户，台区线损正常时，日供电量 1200kWh 左右，线损异常变化前后总用户数未发生变动，附近相邻台区未发现线损率异常情况，台区采集覆盖率为 100%，采集成功率为 100%，未发现影响线损的异常情况，户变对应关系错误引起的可能性基本可排除。

（2）比对分析该台区用户用电量的变化情况，未发现数据异常用户，除一户三相用户日电量高于 50kWh 外，其余日用电量基本在 20kWh 以下，而突发异常线损电量高达 245kWh，基本可排除一般居民用户违约用电可能性。

（3）该台区线损电量持续稳定偏高，且近一年时间附近有新建小区施工，结合以往经验，初步研判可能存在施工导致电缆线路破损漏电或大容量设备违约用电问题。

◢【现场核查】

（1）12 月 31 日，线损治理小组人员从公用变压器侧开始排查，该台区配电房总共有 3 路低压电缆出线，小组人员分别对三路电缆出线进行检测，发现送至公路对面用电的一路出线电缆三相电流严重不平衡，B 相电流明显偏高，达 91.5A，而 A 和 C 两相电流只有 26A 左右，检测漏电电流达到 66A，经估算基本与台区线损增加电量吻合。

（2）顺着其出线电缆进行排查，在离配电房 10m 左右处发现电缆井盖被打开，电缆被钢管压住，电缆和钢管套管接触处有明显的割破痕迹，用验电笔对钢管进行验电，显示有 55V 低电压。依此判定为施工外力破坏，导致电缆绝缘层被钢管口刮削后破损漏电，引起台区线损突增，如图 3-215 所示。

公路施工电缆被破坏

图 3-215　公路施工电缆遭外力破坏

🔺【整改措施】

（1）供电所工作人员立即联系施工方，共同对外力破坏现场取证确认，以便商谈索赔事宜。

（2）立即制订故障处理方案，并于 1 月 2 日完成对破损电缆整根更换，完全消除漏电隐患。

（3）1 月 3 日，该台区线损率下降至 2.53%，此后保持稳定，如图 3-216 所示。

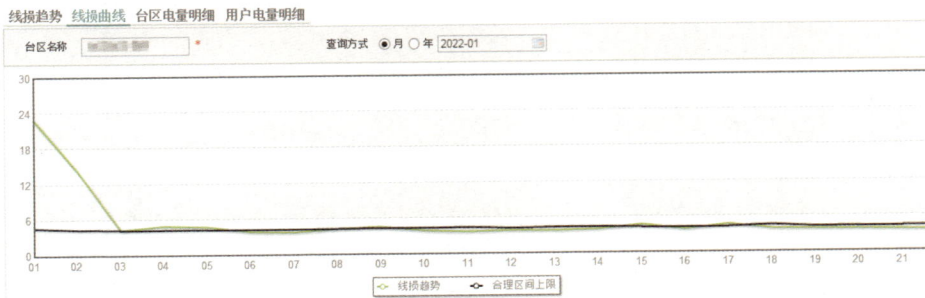

图 3-216　该台区 2022 年 1 月线损变化情况

◢【小结和建议】

（1）该案例在外力破坏电力设施案例中较为典型，公用变压器低压侧出线为直埋电缆，容易受到施工时的外力破坏导致低压侧出线漏电。

（2）加强台区线损日常监控，发现大电量异常突变，快速分析研判，有利于及时排查处置漏电、违约用电等影响安全和企业经济效益的突发问题。

案例 2 市政设施改造施工挖破电缆导致漏电

◢【案例描述】

2019 年 10 月下旬线损治理小组发现，某台区 2019 年 10 月以前线损率一直在 3% 左右小幅波动，从 10 月初起线损率持续增高，最高达 14.27%，线损电量增加到 236.75kWh，后续该台区线损一直处于高损异常状态，如图3-217 所示。

线损率	理论线损率	合理区间上限	台区总容量	台区供电量	台区用电量	线损电量
9.78			500	1719.58	1551.45	168.13
5.88			500	1906.35	1794.26	112.09
9.86			500	1708.84	1540.42	168.42
13.83			500	1827.2	1574.56	252.64
14.27			500	1659.58	1422.83	236.75
13.82			500	1666.54	1436.16	230.38
13.90			500	1642.32	1413.97	228.35
8.62			500	1572.95	1437.34	135.61
7.76			500	1569.16	1447.34	121.82
9.64			500	1589.94	1436.64	153.3
9.14			500	1682.2	1528.48	153.72

图 3-217　该台区 2019 年 10 月线损率变化情况

◢【分析研判】

（1）从用电信息采集系统查看，该台区共有低压用户 296 户，线损异常变化前后总用户数未发生变动，附近相邻台区未发现线损率异常情况，台区采集覆盖率为 100%，少数日期采集成功率虽未达到 100%，但个别用户估算电量值较小，基本不影响线损计算，户变对应关系错误引起的可能性基本可排除。

（2）选取线损率正常与异常日数据，比对分析该台区用户用电量的变化情况，未发现数据异常用户，但该台区线损电量突增后持续稳定在高位，并且近期该台区供电区域内有市政设施改造项目施工，初步研判可能存在漏电或大容量用电设备违约用电问题。

◢【现场核查】

（1）10 月 26 日，线损治理小组人员开展现场排查。对施工区域全面检查低压线路情况，未发现私自接线等违约用电现象，继续重点排查漏电问题。

（2）从公用变压器侧开始排查，检测发现一路低压出线存在较大漏电。于是顺着该路出线电缆逐段进行排查，发现其中一路出线电缆至某低压分接箱中间段有明显的施工痕迹，刨开表层覆盖砂土，发现电缆有明显破损情况，金属导线裸露，基本判定为引起台区线损升高的主要原因。市政改造施工如图 3-218 所示。

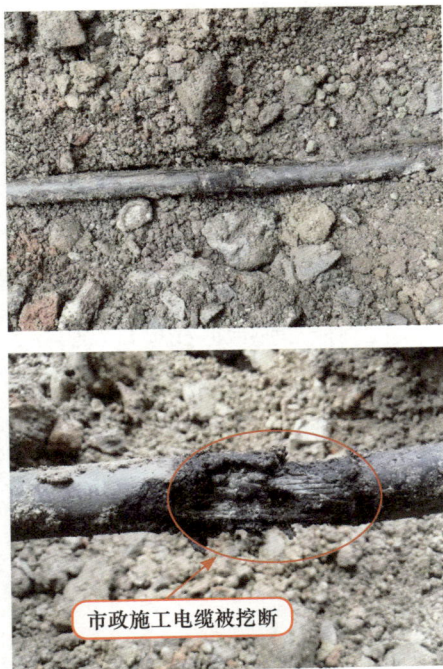

市政施工电缆被挖断

图 3-218　市政改造施工挖破电缆导致漏电现场

◢【整改措施】

（1）现场工作人员立即与业主和施工单位取得联系，共同对外力破坏现场取证确认，以便商谈索赔事宜。

（2）辖区供电所立即安排应急抢修，并在当天对破损电缆进行临时应急处理，消除安全隐患。

（3）处理后次日起该台区线损率降到 3% 左右，除去个别采集异常外，处理后线损率波动趋于平稳，如图 3-219 所示。

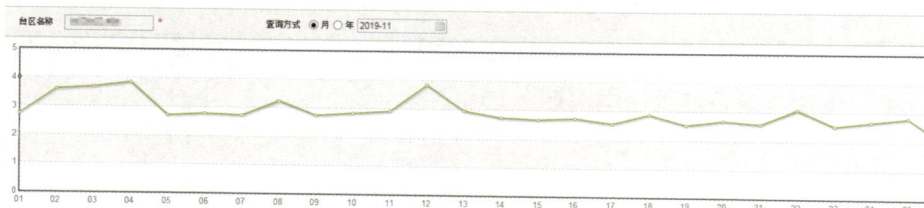

图 3-219　该台区 2019 年 11 月线损率变化情况

◢【小结和建议】

（1）该案例中低压电缆直埋方式极易受到施工时的外力破坏，运行多年的老旧台区，因外部土建施工导致电缆受损漏电发生概率较高，应加强巡视检查。

（2）应加强台区线损日常监控，通过线损率突变及时发现线路运行异常情况，快速分析研判，及时排查处置漏电、违约用电等影响安全和企业经济效益的突发问题。

（3）加强宣传教育，依法加大索赔力度，减少外力破坏事件发生。

第九节　末端大电量和低电压引起高线损类案例

案例 1　末端大电量用户功率因数低导致线损率异常偏高

【案例描述】

线损治理小组发现，2021 年 9 月以来，某台区线损率一直在 6% 以上高位运行，与前期比较，线损率升高 3 个百分点左右，日线损电量在 150kWh 左右波动，如图 3-220 所示（截取 2021 年 9 月数据）。

线损率	理论线损率	合理区间上限	台区总容量	台区供电量	台区用电量	线损电量
6.08	3.14	5.05	400	2230.76	2095.11	135.65
6.17	3.04	4.94	400	2234.18	2096.42	137.76
6.48	3.07	4.98	400	2343.52	2191.67	151.85
6.50	3.13	5.04	400	2389.82	2234.52	155.3
6.71	3.03	4.93	400	2409.96	2248.22	161.74
6.90	3.11	5.02	400	2389.38	2224.49	164.89
6.96	3.11	5.01	400	2323.97	2162.24	161.73
6.66	3.31	5.22	400	2263.02	2112.22	150.8

图 3-220　该台区 2021 年 9 月线损率变化

【分析研判】

（1）从用电信息采集系统查看，该台区共有低压用户 50 户，台区供电量 2300kWh 左右，线损异常变化前后总用户数未发生变动，采集覆盖率为100%，采集成功率为 100%，近一段时间无新增业扩流程，未发现影响线损计算的情况。

（2）导出台区用户电量清单分析，发现某三相用户每日用电量为1300kWh 左右，占总售电量的 55% 左右，如图 3-221 所示。

日期 ▼	局号(终端/表计)	TA	TV	表计…	正向有…	正…	←尖电量	←峰电量
2021-09-20	33300010001003221…	40	1	1	1346		91.2	601.2
2021-09-19	33300010001003221…	40	1	1	1325.6		117.2	607.2
2021-09-18	33300010001003221…	40	1	1	1263.2		91.2	582.4
2021-09-17	33300010001003221…	40	1	1	651.6		95.6	84
2021-09-16	33300010001003221…	40	1	1	1328.8		100	591.6
2021-09-15	33300010001003221…	40	1	1	1300.8		104.4	570
2021-09-14	33300010001003221…	40	1	1	1332		104.4	611.2
2021-09-13	33300010001003221…	40	1	1	1351.6		100	605.2
2021-09-12	33300010001003221…	40	1	1	1392		108	607.6
2021-09-11	33300010001003221…	40	1	1	1397.2		112.4	631.2

查询结果:【符号 "←" 含义为参见左列】

图 3-221　该用户 9 月中旬日用电量情况

（3）查看该用户的负荷数据，发现其功率因数基本在 0.6～0.7 之间，严重偏低。功率因数低，引起线路传输无功电流增多，可导致线路损耗增加，如图 3-222 所示。

开始日期 2021-09-01　结束日期 2021-09-30　查询方式 ○一次侧

日期 ▼	局号(终端/表计)	瞬时…	A相电…	←B相	←C相	A相电…	←B相	←C相	A…	…	A…	…	总功率因数
2021-09-01 08:30:00	333000100010032210048…	1.4012	2.859	2.951	2.946	231.6	227.7	235.8					0.689
2021-09-01 08:15:00	333000100010032210048…	1.4358	2.908	3.019	2.93	231.3	227.3	237.3					0.698
2021-09-01 08:00:00	333000100010032210048…	1.3655	2.798	2.91	2.832	233.6	228.8	238.7					0.684
2021-09-01 07:45:00	333000100010032210048…	1.7008	3.321	3.391	3.367	228.6	224.2	233.9					0.737
2021-09-01 07:30:00	333000100010032210048…	1.7398	3.35	3.419	3.38	230.1	226	233.9					0.741
2021-09-01 07:15:00	333000100010032210048…	1.6998	3.333	3.418	3.37	230.5	225.4	235					0.731
2021-09-01 07:00:00	333000100010032210048…	1.5981	3.164	3.237	3.198	231.6	226.9	236.1					0.719
2021-09-01 06:45:00	333000100010032210048…	1.3651	2.813	2.882	2.778	233.6	228.6	237.8					0.69
2021-09-01 06:30:00	333000100010032210048…	1.1752	2.551	2.586	2.495	234.6	230.3	238.6					0.656
2021-09-01 06:15:00	333000100010032210048…	1.1367	2.48	2.521	2.429	235.9	231.2	239.4					0.651

查询结果

图 3-222　该用户 9 月初的功率因数情况

（4）综上初步研判，台区线损超大的原因可能是因为末端大电量用户功率因数偏低所致。

▲【现场核查】

经现场核查，该户为养殖户，用电点距离负荷中心约 300m，设备多为感性负荷的电动排风机，经现场实测功率因数为 0.65 左右。因此基本确定该户为末端大电量用户，功率因数低是影响线损偏大的主要原因。

▲【整改措施】

（1）根据实际负荷情况，2021 年 9 月 23 日，在用户侧就地安装无功补偿装置，配置容量 200kvar，投入运行后，用户侧功率因数从原来的 0.65 左右，大幅度提高到 0.95 左右，如图 3-223 和图 3-224 所示。

图 3-223　用户侧就地安装无功补偿装置

图 3-224　安装无功补偿装置后功率因数变化情况

（2）在有功功率基本不变的情况下，三相每相电流下降了40A左右，9月24日起台区线损率由6%以上下降至3.5%左右，日线损电量由150kWh左右下降至70kWh左右，降损效果明显，如图3-225所示。

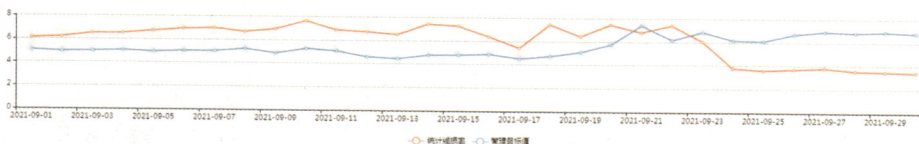

图 3-225　9月24日起该台区线损率明显下降

【小结和建议】

（1）台区线损率明显升高前，该用户用电负荷相对较小，日电量占比较低，随着感性设备增加，用电负荷增加，功率因数明显下降，加之远离负荷中心，对台区线损的影响逐渐加大。

（2）提高功率因数的有效措施之一是就地安装合理容量的无功补偿装置，实际工作中因末端大负荷引起线损电量明显增加的案例较为常见，及时采取就地无功补偿措施，有利于节能降损。

案例2　末端用户低电压导致台区线损率异常偏高

【案例描述】

线损治理小组发现，2022年7月初开始，某台区线损率大幅度异常偏高，且起伏很大，正常时线损率2.04%，最高时达到10.95%，波动幅度超过8个百分点，日线损电量差值接近100kWh，如图3-226所示。

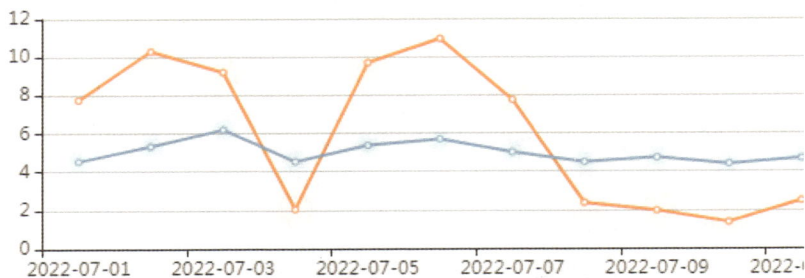

台区容量	台区供电量	台区用电量	线损电量	线损率	理论线损率
400	184.80	181.18	3.62	1.96	4.72
400	152.40	148.79	3.61	2.37	4.49
400	320.40	295.58	24.82	7.75	2.74
400	946.80	843.15	103.65	10.95	3.43
400	626.40	565.72	60.68	9.69	3.10
400	214.80	210.42	4.38	2.04	4.52
400	410.40	372.64	37.76	9.20	3.93
400	379.20	340.18	39.02	10.29	3.05

图 3-226　该台区 7 月上旬线损率情况

【分析研判】

（1）从用电信息采集系统查看，该台区共有低压用户只有 6 户，台区公用变压器 400kVA，台区供电量 1000kWh 以下，采集覆盖率为 100%，采集成功率为 100%，近期无新增业扩流程，未发现影响线损计算的情况。

（2）导出用户清单比对用电量情况，发现某三相用户用电量较大，该户间隙性用电，当该户停用时，线损率 2% 左右，该户电量越大，线损率越高，存在违约用电嫌疑。

（3）进一步核查分析该户的负荷数据，发现该户基本停用时，三相电压正常达到 230V 以上，当开始用电时，三相电压降至 210V 以下，负载达到 70kW 时，ABC 三相相电压仅为 204、206、209V，电压降幅超过 10%，如图 3-227 所示。

	瞬时有功	瞬时无功	A相电流	B相	C相	零线	A相电压	B相	C相
514828	0.3300		1.440	0.000	0.000		231.5	231.7	232.2
514828	0.3300		1.440	0.000	0.000		232.1	232.1	232.6
514828	58.7220		160.380	161.820	152.220		208.3	210.5	212.9
514828	56.7600		157.740	157.140	148.200		207.5	209.6	211.8
514828	49.0620		154.140	154.260	145.080		212.4	213.7	216.2
514828	76.0980		192.060	191.460	180.000		204.0	206.6	209.3

图 3-227　该用户 7 月初分时电流电压情况

（4）综合上述分析研判，违约用电概率较小，压降过大引起高线损可能是主要原因，需立即组织现场核查。

◢【现场核查】

（1）线损治理小组工作人员快速前往现场核查，发现该用户距离台区较远，低压线路达数百米，实测电压与系统采集数据基本一致，此前用电负荷较小，对台区线损影响不明显，近期用电量逐渐增大，线路压降损耗明显增加。

（2）检查其他用户情况，未发现违约用电等异常问题。

◢【整改措施】

（1）经与用户交流沟通，因此处供电距离较远，电压难以保证，已计划搬迁至其他地点经营。

（2）该户停止本处经营用电后，7 月 8 日开始台区线损率恢复正常，持续保持在 2% 以下，如图 3-228 所示。

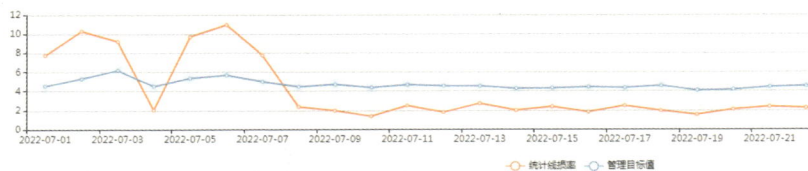

台区容量	台区供电量	台区用电量	线损电量	线损率	理论线损率	管理目标值
400	220.80	216.87	3.93	1.78	4.56	4.56
400	198.00	193.09	4.91	2.48	4.68	4.68
400	147.60	145.60	2.00	1.36	4.40	4.40
400	184.80	181.18	3.62	1.96	4.72	4.72
400	152.40	148.79	3.61	2.37	4.49	4.49
400	320.40	295.58	24.82	7.75	2.74	5.00
400	946.80	843.15	103.65	10.95	3.43	5.69
400	626.40	565.72	60.68	9.69	3.10	5.36

图 3-228　恢复正常线损率前后的线损率变化情况

◢【小结和建议】

（1）远离负荷中心的末端用户大电量引起台区线损升高的问题较为常见，也是困扰基层线损治理工作的难题，需要通过多方面入手应对。

（2）优化供电方案，对用电容量较大的用户尽量选择合理的供电电源，降低供电半径。

（3）合理增加台区布点，转移末端大电量用户供电电源，减少线路损耗。

案例 3　多户末端用户低电压导致台区线损率持续升高

◢【案例描述】

某台区从 2022 年 6 月初开始，台区线损率随着供电量的增加不断升高，至 7 月中旬，从前期的 3% 左右持续上升到 7% 以上，日线损电量超过 100kWh，如图 3-229 所示。

台区容量	台区供电量	台区用电量	线损电量	线损率	理论线损率
200	1680.00	1569.24	110.76	6.59	4.01
200	1645.20	1532.92	112.28	6.82	3.66
200	1617.60	1517.97	99.63	6.16	3.40
200	1491.60	1399.58	92.02	6.17	3.66
200	1627.20	1507.23	119.97	7.37	3.85
200	1714.80	1588.87	125.93	7.34	3.62
200	1688.40	1564.83	123.57	7.32	3.84
200	1670.40	1562.04	108.36	6.49	3.66

图 3-229　该台区 7 月中旬前线损率情况

【分析研判】

（1）该台区为农村供电台区，从营销系统和采集系统核查，共有低压用户 80 户，6 月以前台区日供电量较少，基本保持在 700kWh 以下，线损率相对稳定在 3.5% 左右，6 月下旬开始持续升高，7 月中旬升高至 7% 以上，疑似存在违约用电、漏电情况。

（2）选取线损率偏低和偏高的多个日期数据，导出台区用户用电量清单，进行比对分析，发现 4 户用电量相对较大的用户，与台区线损率升高关联较为明显。

（3）进一步分析这几户的分时电流电压等负荷数据，发现其中两户机埠用电户的电压明显偏低，最低相不足 180V，如图 3-230 所示。

（4）该两户距离台区公用变压器距离较远，初步判断是导致线损率升高的重要原因，需现场进一步核查确认。

瞬时有功	瞬时无功	A相电流	B相	C相	零线	A相电压	B相	C相
2.1237	4.809	3.860	4.460			210.8	184.1	198.5
2.2040	4.940	3.979	4.722			209.6	181.5	199.0
2.3694	5.110	4.080	5.173			207.1	172.4	203.0
2.0564	4.463	4.011	4.745			202.4	177.1	205.4
2.0735	4.506	4.672	3.819			194.4	202.1	197.9
2.2242	5.433	4.380	4.424			212.8	198.3	191.5

图 3-230　某机埠用电电流电压情况

【现场核查】

（1）线损治理小组人员前往现场核查，排除了漏电和违约用电因素。

（2）估测两户机埠用电点距离公用变压器约 600m 以上，近期由于持续高温干旱，灌溉抽水用电不断增加，加之居民用电同步增加，电压严重偏低，线路电能损耗较大，需紧急采取措施。

【整改措施】

（1）经供电所讨论商议，决定快速增加台区布点，在末端用户就近处增设一台公用变压器。

（2）8 月 2 日新增布点施工完毕，8 月 3 日完成系统用户切割调整，8月 4 日起台区线损率下降至 2% 以下，如图 3-231 所示。

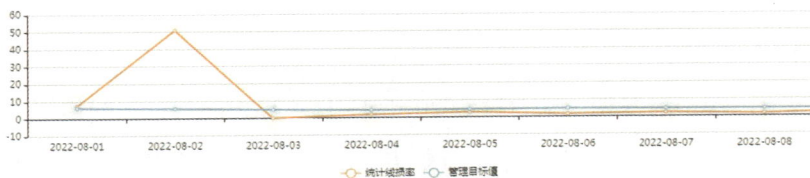

图 3-231　整改后该台区线损率情况

台区容量	台区供电量	台区用电量	线损电量	线损率	理论线损率
200	594.00	586.33	7.67	1.29	1.95
200	570.00	558.65	11.35	1.99	2.01
200	790.80	780.14	10.66	1.35	2.25
200	841.20	819.29	21.91	2.60	2.01
200	763.20	750.73	12.47	1.63	1.94
200	807.60	809.23	-1.63	-0.20	4.78
200	614.40	302.05	312.35	50.84	3.21
200	1732.80	1611.45	121.35	7.00	3.62

图 3-231　整改后该台区线损率情况（续）

◢【小结和建议】

（1）供电半径偏大的末端用户低电压问题，较为常见，具有周期性的特点，在夏季高温季节和冬季取暖季节较为突出，对台区线损率的影响较大。

（2）建议按照"短半径、小容量、密布点"的原则，结合电网建设改造，合理布设公用变压器，从源头上解决低电压问题，保障供电质量的同时，解决不合理高线损问题。

第十节　违约用电引起高线损类案例

案例 1　用户擅自接线绕越计量装置用电

◢【案例描述】

线损治理小组发现，某台区 2020 年 11 月 4 日之前，台区线损率长期超出合理区间上限，从 10 月 1—31 日数据分析，有 30 天超出合理区间上限，台区最大日线损率达 4.54%，最大日损失电量 46.08kWh，如图 3-232 所示。

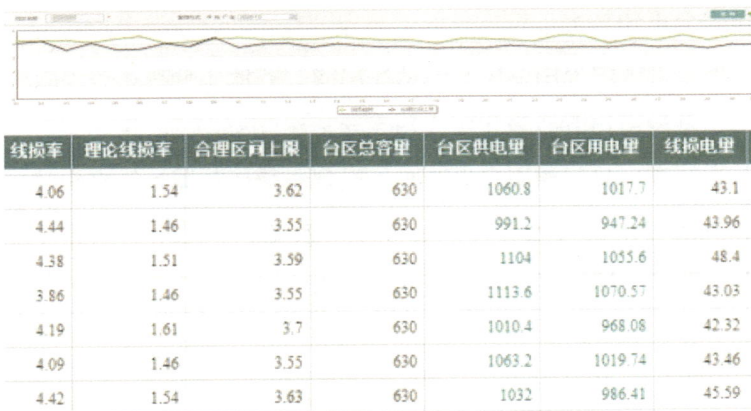

线损率	理论线损率	合理区间上限	台区总容量	台区供电量	台区用电量	线损电量
4.06	1.54	3.62	630	1060.8	1017.7	43.1
4.44	1.46	3.55	630	991.2	947.24	43.96
4.38	1.51	3.59	630	1104	1055.6	48.4
3.86	1.46	3.55	630	1113.6	1070.57	43.03
4.19	1.61	3.7	630	1010.4	968.08	42.32
4.09	1.46	3.55	630	1063.2	1019.74	43.46
4.42	1.54	3.63	630	1032	986.41	45.59

图 3-232　该台区 2020 年 10 月线损率变化情况

【分析研判】

（1）该台区采用纯电缆线路供电方式，查看采集系统数据，台区内共有低压用户 202 户，无光伏上网用户，采集覆盖率为 100%，采集成功率为 100%，公变终端负荷、电量数据正常，未发现影响线损计算因素。

（2）核查周边相邻台区，未发现有线损异常情况。

（3）比对分析台区内用户电能表日用电量的变化情况，除少数零电量用户需核查确认外，未发现数据异常。

（4）台区线损率长期超出合理区间上限，但线损电量值不高，个别用户的户变关系错误可能性不能完全排除，需进一步核查。

（5）台区线损率长期超出"一台区一指标"合理区间上限，不排除有用户违约用电可能。

综上初步研判，治理该台区线损偏高问题，重点应核查台区内户变关系、零电量用户计量装置是否异常、违约用电等方面问题。

【现场核查】

（1）打印携带台区用户电能表清单和台区识别仪，经现场核查，台区内户变关系完全正确。

（2）核查台区内公用变压器侧低压出线、各低压分接箱进出线等均未发现异常，零电量用户电能表和接线均无异常。

（3）当核查一只三相用户表箱时，发现表前熔断器接线桩头处，存在绕越计量装置擅自接线用电情况，现场实测电流 4.5A，按电量估算可以确认是造成台区线损长期超出合理区间上限的主要原因。

◢【整改措施】

（1）线损治理小组继续查明违约用电用户，告知用户该行为属于违约用电行为，并当场出具"违约用电现场处理单"由用户签字确认，随后办理相关电量电费和违约电费追补手续。

（2）当场拆除违约用电线路，并告知违约用电用户尽快办理新装用电申请。

（3）该违约用电行为处理完毕后，11 月 6 日起台区日均线损率降至1.8% 左右，日均损失电量 20kWh 左右，并保持稳定，如图 3-233 所示。

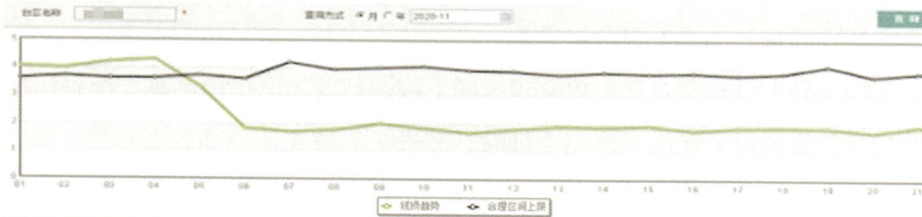

图 3-233　该台区 11 月治理前后线损率变化曲线

◢【小结和建议】

（1）该台区线损率呈现较为稳定的波动，且线损电量未严重偏高，日常管理中容易忽视，但通过"一台区一指标"管控，依然发现存在异常，线损治理小组及时分析研判，组织核查治理，查处违约用电，较好地解决了异常波动问题。

（2）加强日常系统监控，对线损率超出合理区间的台区，应及时分析研判，组织排查，尽早解决不合理线损问题。

（3）要结合日常低压电网运行维护、抢修、现场电能表周期核抄、电能表轮换、业扩现场查勘等工作，加强低压线路、用户计量装置的巡视检查工作，及时发现异常接线问题。

案例2 擅自改变计量装置接线违约用电

【案例描述】

线损治理小组发现，某台区自 2021 年 6 月 10 日开始，台区线损率在理论线损合理区间上下明显波动，从 6 月 1 日至 21 日数据曲线可见，多天超出线损合理区间上限，最大日线损率达 6.27%，6 月 10 日前台区线损率一直稳定在 1.5% 左右，如图 3-234 所示。

线损率	理论线损率	合理区间上限	台区总容量	台区供电量	台区用电量	线损电量
1.32	1.55	3.64	630	1382.4	1364.22	18.18
5.06	1.74	3.83	630	1152	1093.71	58.29
6.27	2.01	4.1	630	1125.6	1055	70.6
4.73	2.35	4.44	630	1293.6	1232.35	61.25

图 3-234 该台区 6 月 1 日至 21 日的线损率变化情况

【分析研判】

（1）该台区采用纯电缆线路供电方式，查看采集系统相关数据，台区内共有低压用户 196 户，无光伏用户，采集覆盖率为 100%，采集成功率为 100%，未发现影响线损计算因素。

（2）核查周边相邻台区，未发现有线损异常变化情况，同时段内各相邻台区也未出现电能表数量变动情况，户变关系错误概率较小。

（3）台区线损率明显升高后，线损电量较大并较为稳定，存在线路设备漏电的可能。

（4）比对分析台区内电能表日用电量的变化情况，发现某用户电能表电流数据异常，可能存在违约用电问题，需重点核查该户计量装置，如图 3-235 所示。

查询结果								
日期 ▼	局号(终端/表计)	瞬时有功(kW)	←无功(kvar)	A相电流(A)	←B相	←C相	零线电流(A)	A相电压(V)
2021-06-22 22:45:00	3330001000100022614...	0.1608		1.009			5.902	235.9
2021-06-22 22:30:00	3330001000100022614...	0.1205		0.904			5.83	237.6
2021-06-22 22:15:00	3330001000100022614...	0.1847		1.074			6.119	237.9
2021-06-22 22:00:00	3330001000100022614...	0.0525		0.348			1.753	237.2
2021-06-22 21:45:00	3330001000100022614...	0.0409		0.277			1.662	233.2

图 3-235　用户电能表中性线电流与中性线电流不一致

（5）有多户零电量用户的计量装置是否有错接线、故障等问题，需现场核查确认。

【现场核查】

（1）6 月 23 日工作人员携带相关仪器设备开展现场核查，低压出线、各低压分接箱进出线、表箱进线等电缆联络线路均未发现漏电现象。

（2）当核查某集中表箱内的电流异常用户电能表时，发现箱内该电能表铅封缺失，仔细检查发现某单相表接线进出线被人为交换，确认属于违约用电行为。

（3）核查其他零电量用户计量装置，均未发现异常情况。

◢【整改措施】

（1）线损治理小组随即查明违约用电用户，并明确告知用户该行为属于违法行为，并在现场出具"违约用电现场处理单"，由用户签字确认。

（2）现场恢复正确接线后，采集系统该户用电数据信息恢复正常。

（3）6 月 24 日起台区线损明显下降，线损率回落至 1.5% 左右，并持续保持稳定，如图 3-236 所示。

图 3-236　台区治理后 6 月线损率变化情况

◢【小结和建议】

（1）该案例是"一台区一指标"成功应用案例，该台区线损率长期较为稳定，且线损电量较低，当出现明显波动时，线损治理小组管控人员及时发现并跟踪分析研判，及时组织现场核查，成功查处违约用电问题。

（2）在分析研判过程中，要充分运用系统采集的数据信息，比对分析研判，查找异常目标信息，及时组织排查，提高线损治理效率。

案例 3　从预留备用集中表箱内接线违约用电

◢【案例描述】

线损治理小组发现，某台区 2021 年 1 月以来，台区线损率持续超出合理区间上限，最大线损率达 4.65%，最大损失电量 52.87kWh。此前基本稳定在 2% 以下，如图 3-237 所示。

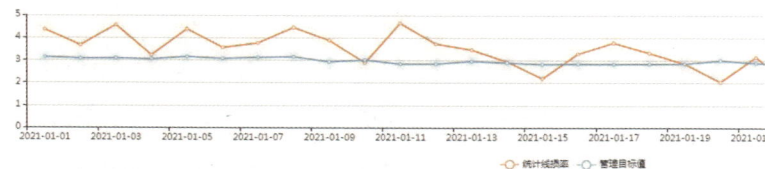

线损率	理论线损率	合理区间上限	台区总容量	台区供电量	台区用电量	线损电量
3.88	1.18	2.93	630	1318	1266.81	51.19
2.89	1.25	3.01	630	1368	1328.51	39.49
4.65	1.09	2.84	630	1136	1083.13	52.87
3.73	1.09	2.85	630	1122	1080.16	41.84

图 3-237　该台区 1 月 1 日至 21 日的线损率变化情况

【分析研判】

（1）台区供电方式采用纯电缆线路。从系统查看，台区内共有低压用户 91 户，无光伏用户，采集覆盖率为 100%，采集成功率为 100%，不存在影响线损计算因素。

（2）核查周边相邻台区，未发现有线损异常。同时段内也未出现电能表数量变动，基本排除户变关系错误因素。

（3）比对分析台区内电能表日用电量的变化情况，未发现数据异常。

（4）台区线损率长期超出合理线损区间上限，且波动幅度明显，用户违约用电的概率较大。

（5）有几户零电量用户计量装置是否故障也需重点核查。

综上初步研判，需现场重点核查违约用电、计量装置故障等方面问题。

【现场核查】

（1）1 月 24 日工作人员前往现场核查，零电量用户电能表接线等均无异常，无故障。

（2）该台区部分计量装置和低压分接箱布置在地下一层，工作人员按线路走向一一画出草图，比对核查时发现在大楼一层墙体内置的低压分线箱出线多出一根四芯电缆，无法对应到一层以上的电能表表箱。

（3）经进一步核查发现，该电缆对应地下一层一只墙上集中表箱内，该表箱为备用预留表箱，未装表，但实测集中表箱进线电缆有电流，确认地下仓库照明未经过电能表计量，私自从箱内接线用电。

（4）经核实，为经商用户的地下仓库照明用电，均未经过电能表计量，属于违约用电。

◀【整改措施】

（1）线损治理小组查明违约用电用户，告知用户该行为属于违约用电行为，并出具"违约用电现场处理单"由用户签字确认。

（2）该违约用电行为在1月24日处理后，台区日均线损率下降至1.4%左右，日均损失电量11kWh左右，并保持稳定，如图3-238所示。

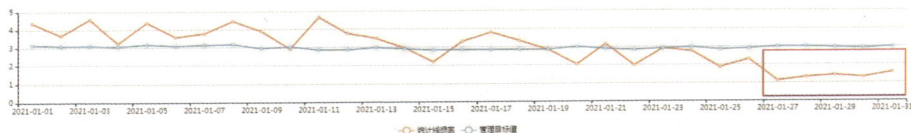

图3-238　台区1月24日治理前后线损率变化情况

◀【小结和建议】

（1）在核查较复杂低压线路的台区线损时，可采用画线路草图方式，从低压分接箱各路出线逐条逐点梳理核对，与表箱一一进行对应，无对应电能表的线路疑点较大。对历史遗留的老旧小区，特别是综合楼内线路相对杂乱，核查难度相对较大的，均可采用此方法。

（2）要结合和利用日常低压抢修、现场电能表核抄、电能表轮换、业扩等各项工作加强低压设备、用户计量装置的巡视检查工作。

（3）利用"一台区一指标"加强台区线损日常监控，及时发现问题，快速解决不合理线损台区。

案例 4 三相用电户电能表后开关外引一相电源违约用电

【案例描述】

某台区自 2020 年 3 月以来台区线损率持续多月波动明显，在"一台区一指标"试点应用中，工作人员发现线损率明显高于合理范围，在 5%～8.5% 之间频繁波动，从 5 月 1 日至 14 日数据可见，台区最大日线损率达 8.36%，最大日损失电量 31.06kWh，最低时 5.12%，线损电量 19.1kWh，波动幅度超过 3 个百分点，如图 3-239 所示。

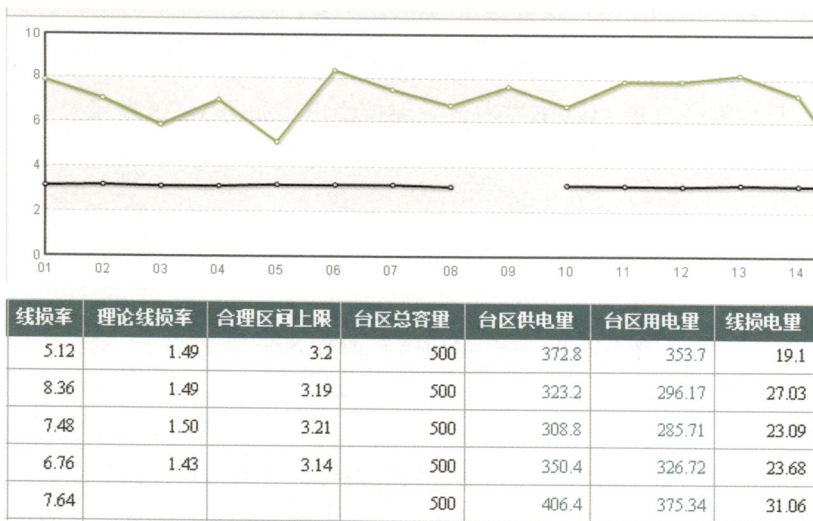

线损率	理论线损率	合理区间上限	台区总容量	台区供电量	台区用电量	线损电量
5.12	1.49	3.2	500	372.8	353.7	19.1
8.36	1.49	3.19	500	323.2	296.17	27.03
7.48	1.50	3.21	500	308.8	285.71	23.09
6.76	1.43	3.14	500	350.4	326.72	23.68
7.64			500	406.4	375.34	31.06

图 3-239 该台区 5 月 1 日至 14 日的线损率变化情况

【分析研判】

（1）该台区供电方式采用纯电缆线路。从采集系统查看，台区内共有低压用户 19 户，无光伏用户，采集覆盖率为 100%，采集成功率为 100%，不存在影响线损计算因素。

（2）核查本小区相邻台区，线损率较低且较为稳定，未发现其他台区有线损率异常。同时段内各台区也未出现电能表数量变动，基本排除户变关系错误原因。

（3）该台区现场用电以用户自建排屋为主，出租率较高，对台区内用电量较小的用户，不排除用户违约用电、计量装置故障等问题，需重点核查。

（4）比对分析台区内电能表日用电量的变化情况，少数用电量偏低的用户列为重点核查对象。

【现场核查】

（1）5月15日，工作人员组织现场核查，核查台区内每只电能表未发现错接线、故障等问题。

（2）在核查小电量用户时，工作人员重点对一户每天用电量始终保持在10kWh以下的用户，全面细致排查。观察该户的用电设备和整体装修条件，与实际用电量不相符。

（3）该用户为三相用电，电能表安装在一个落地集中表箱内，仔细核查该用户电能表的表前线、表后线时发现，该用户表后入户电缆的C相电源线，并未接在自己电能表后空气开关C相桩头上，而是搭接到相邻一个备用开关C相上，如图3-240所示。沿着该相电缆线向电能表、表前熔断器方向核查，发现一根黄色塑铜线直接搭接在空位表前熔断器下桩头C相上，接通电源，确认此用户C相用电未经过电能表计量，属于违约用电。

图3-240 用户将C相绿色电缆线搭接在左侧一空位表后开关C相上

◢【整改措施】

（1）工作人员当即查明违约用电用户，告知用户该行为属于违法用电行为，出具"违约用电现场处理单"，由用户确认签字后，拆除 C 相的违约用电电缆线，恢复到正确计量方式。

（2）违约用电行为在 5 月 15 日处理完毕后，用户用电恢复正常计量后用电量明显增加，如图 3-241 所示。

查询结果：【符号"—"含义为参见左列】					
日期 ▼	局号(终端/表计)	TA	TV	表计自身倍率	正向有功总电量
2020-05-18	3310101020001081...	1	1	1	14.29
2020-05-17	3310101020001081...	1	1	1	24.24
2020-05-16	3310101020001081...	1	1	1	18.32
2020-05-15	3310101020001081...	1	1	1	9.18
2020-05-14	3310101020001081...	1	1	1	3.94
2020-05-13	3310101020001081...	1	1	1	3.98

图 3-241　违约用电用户治理前后用电量变化情况

（3）5 月 16 日起，台区日均线损率在 1.7% 左右，并持续保持稳定，如图 3-242 所示。

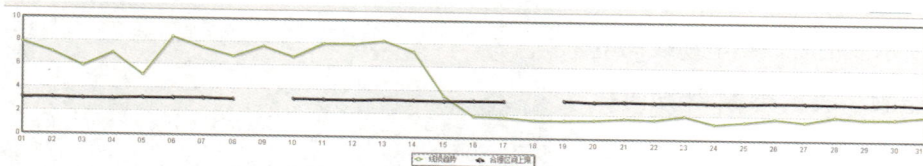

图 3-242　台区治理前后线损率变化曲线

◢【小结和建议】

（1）通常违约用电用户均略懂一些电力知识或本身就是社会电工，如上述用户违约用电方式较为隐蔽。所以，在治理台区线损的现场核查时，必须仔细查看表箱内电能表、表前线、表后线、中性线、相关元器件等安装、连接是否规范，不放过每一个怀疑点。

（2）要结合和利用日常低压抢修、现场电能表核抄、电能表轮换、业扩等各项工作加强低压设备、用户计量装置的巡视检查工作。

（3）充分运用"一台区一指标"去发现问题，高效治理不合理线损台区。

案例5　剥开低压户联线伪装隐蔽搭接违约用电

【案例描述】

线损治理小组发现，某台区2021年9月中旬之前，台区线损率持续在"一台区一指标"合理区间上限波动，台区最大日线损率达6.58%，最大日损失电量290.5kWh，如图3-243所示。

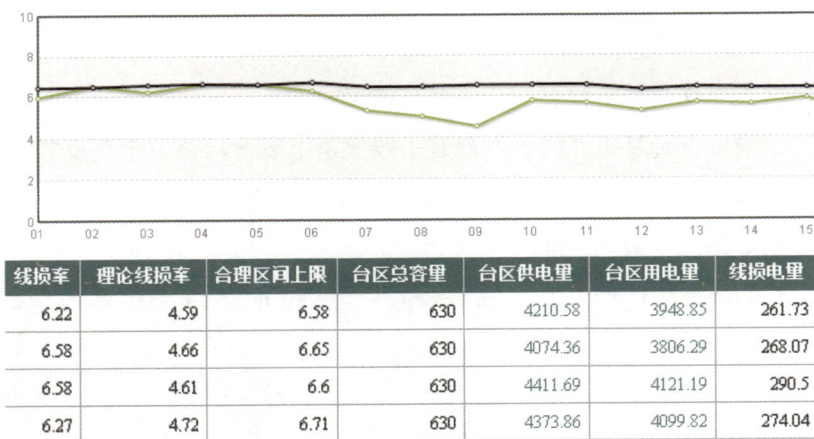

线损率	理论线损率	合理区间上限	台区总容量	台区供电量	台区用电量	线损电量
6.22	4.59	6.58	630	4210.58	3948.85	261.73
6.58	4.66	6.65	630	4074.36	3806.29	268.07
6.58	4.61	6.6	630	4411.69	4121.19	290.5
6.27	4.72	6.71	630	4373.86	4099.82	274.04

图3-243　台区9月1日至15日的线损率变化情况

【分析研判】

（1）该台区供电方式采用混合线路供电。从采集系统查看，台区内共有低压用户131户，其中光伏上网1户，采集覆盖率和采集成功率均为100%，未发现影响线损计算因素。

（2）核查周边相邻台区，未发现有线损异常偏低情况，同时段内也未出现电能表数量变动，户变关系错误的概率较低。

（3）台区线损率较为稳定偏高，且线损电量较大，存在线路设备漏电的可能，需现场核查确认。

（4）比对分析台区内电能表日用电量的变化情况，未发现明显数据异常，但持续高线损，不排除有用户违约用电的，需全面核查。

（5）计量装置错接线、故障等问题，也需重点核查。

综上初步研判，现场重点应核查漏电、违约用电、计量装置等方面问题。

◢【现场核查】

（1）该台区用户较为集中，线损治理小组决定组织全面核查。经现场实测公用变压器各出线电缆的漏电情况，未发现电缆线路、架空线路漏电现象。继续逐户核查计量装置和线路异常情况。

（2）当排查到某里弄时，发现有一段集束电缆恰巧被一个蛇皮袋遮挡，当时风特别的大却未随风飘起，显得尤为突兀，随即登上梯子移开装有小石块的蛇皮袋，发现一根联户集束电缆的绝缘层被人为破坏，有一根绿色的电线从此处引入用户家中，未经过电能表计量，现场实测电流10A以上，确定属于违约用电，如图 3-244 所示。

（3）继续排查其他计量装置，未发现异常问题。

图 3-244　集束电缆被蛇皮袋遮挡

◢【整改措施】

（1）线损治理小组查明违约用电用户，出具"违约用电现场处理单"，当场由用户签字确认。

（2）该违约用电行为处理后，2021 年 9 月 17 日起，台区线损率下降至 1.5% 左右，并持续保持稳定，如图 3-245 所示。

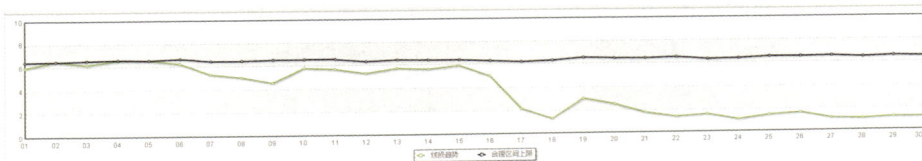

图 3-245　台区治理前后线损率变化情况

◢【小结和建议】

（1）该户违约用电行为较为隐蔽，部分用电正常计量，大容量大电量设备用电绕越计量装置容易疏忽。

（2）在核查违约用电时，低压架空户联线、进户线、线路搭火点、绝缘子绑扎点等部位，需重点关注。特别是一些异常的遮盖物，更应细致观察核查到位。

案例6　**表前线隐蔽分流违约用电**

◢【案例描述】

线损治理小组发现，某台区 2021 年 4 月线损率波动幅度较大，持续超过"一台区一指标"理论线损中值，大部分接近合理区间上限，最大日线损率达 4.15%，低时 1.5% 左右，如图 3-246 所示。

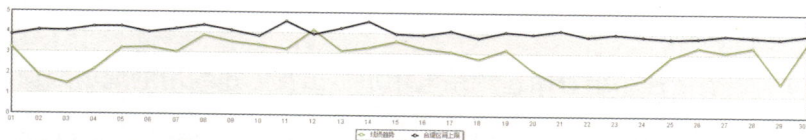

线损率	理论线损率	合理区间上限	台区总容量	台区供电量	台区用电量	线损电量
3.42	1.76	3.85	500	1502.4	1451.05	51.35
3.22	2.49	4.58	500	1542.4	1492.77	49.63
4.15	1.86	3.95	500	1539.2	1475.38	63.82
3.14	2.15	4.24	500	1539.2	1490.91	48.29

图 3-246　台区 4 月线损率变化情况

◢◣【分析研判】

（1）该台区供电方式采用纯电缆线路。从采集系统查看，台区内共有低压用户 91 户，无光伏用户，采集覆盖率和采集成功率均为 100%，未发现影响线损计算因素。

（2）核查周边相邻台区，同时段内未发现有线损异常情况，线损率稳定且较低，台区之间户变关系错误可能性较小。

（3）该台区已采用 HPLC 采集方式，比对分析台区内电能表日用电量的变化情况，发现某用户电能表数据异常，起伏很大，与台区线损率关联较强。查看分时电流情况，存在单相电能表中性线电流与相线电流明显不一致问题，需重点核查。

◢◣【现场核查】

（1）工作人员 4 月 30 日前往现场核查，检查计量装置外观和接线，均未发现问题。

（2）工作人员并未放弃，继续观察。仔细查看紧贴墙面的表前进线白塑套管，感觉第一个管卡处不正常，使用工具撬开固定管卡时发现，有一根白色护套线穿墙引入室内，使用钳形表实测电流 2.51A，未经电能表计量，确认属于违约用电，如图 3-247 所示。

图 3-247 违约用电点实图

◢【整改措施】

（1）工作人员当场告知用户该行为属违约用电，出具"违约用电现场处理单"由用户签字确认。

（2）该违约用电行为处理后，2021 年 5 月 1 日起，台区日均线损率在 1.5% 以下，并持续保持稳定，如图 3-248 所示。

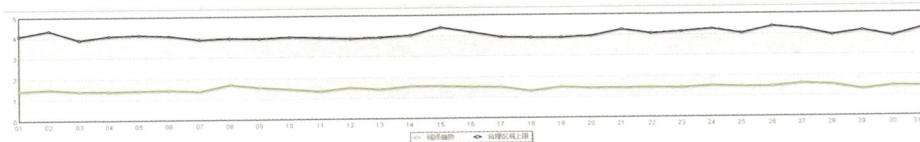

图 3-248 该台区 5 月线损率曲线

◢【小结和建议】

（1）运用"一台区一指标"管控台区线损异常具有较好的实用性，应常态化充分发挥其作用。

（2）已实现 HPLC 采集方式的台区，应充分利用系统采集的大数据，精准研判用户异常用电信息，提高台区线损治理效率。

案例 7 从低压绝缘子绑扎处隐蔽接线违约用电

▲【案例描述】

2021 年 4 月线损治理小组发现，某台区从 2021 年 2 月起线损率升高，且波动较大，最高时达 6.78%，最低时 3.9%，振幅近 3 个百分点，基本超过"一台区一指标"上限，如图 3-249 所示。

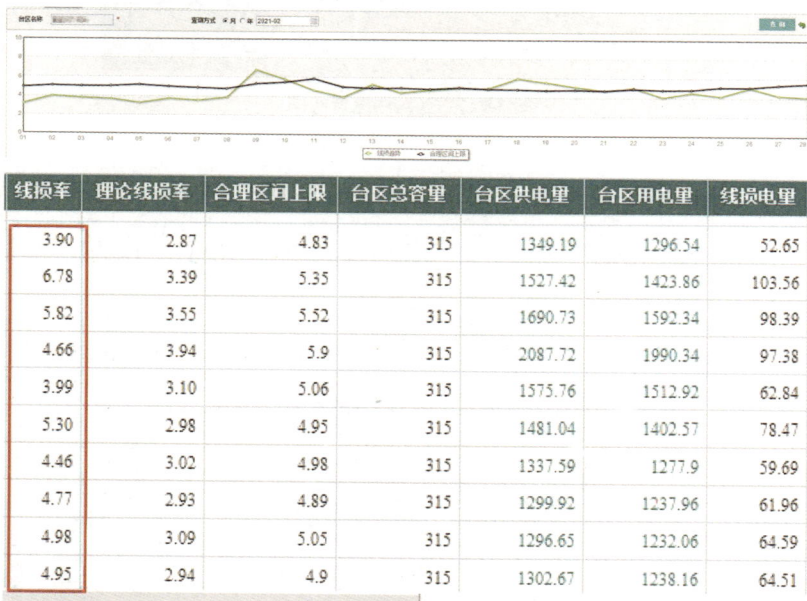

线损率	理论线损率	合理区间上限	台区总容量	台区供电量	台区用电量	线损电量
3.90	2.87	4.83	315	1349.19	1296.54	52.65
6.78	3.39	5.35	315	1527.42	1423.86	103.56
5.82	3.55	5.52	315	1690.73	1592.34	98.39
4.66	3.94	5.9	315	2087.72	1990.34	97.38
3.99	3.10	5.06	315	1575.76	1512.92	62.84
5.30	2.98	4.95	315	1481.04	1402.57	78.47
4.46	3.02	4.98	315	1337.59	1277.9	59.69
4.77	2.93	4.89	315	1299.92	1237.96	61.96
4.98	3.09	5.05	315	1296.65	1232.06	64.59
4.95	2.94	4.9	315	1302.67	1238.16	64.51

图 3-249 该台区 2021 年 2 月线损变化情况

▲【分析研判】

（1）该台区为农村架空线路台区，台区低压用户 260 户，户数较多，有多户光伏发电，采集覆盖率为 100%，采集成功率除少数几天有估算外，其余均达到 100%，线损率波动与电量估算关联不大，2 月以前台区线损率基本稳定在 3.5% 以下。光伏计量关系正常，采集数据正常，排除其影响可能。

（2）虽然线损电量较大，但上下波动幅度明显，基本排除漏电可能，初步分析存在计量故障或用户违约用电问题概率较大。

（3）导出台区用户清单，比对线损率高低不同的多日用电量数据，对用电量明显较少用户分时负荷进一步分析，发现某用户中性线电流大于相线电流，有时相线电流为零，疑似部分负荷分流违约用电。某用户电流异常如图3-250所示。

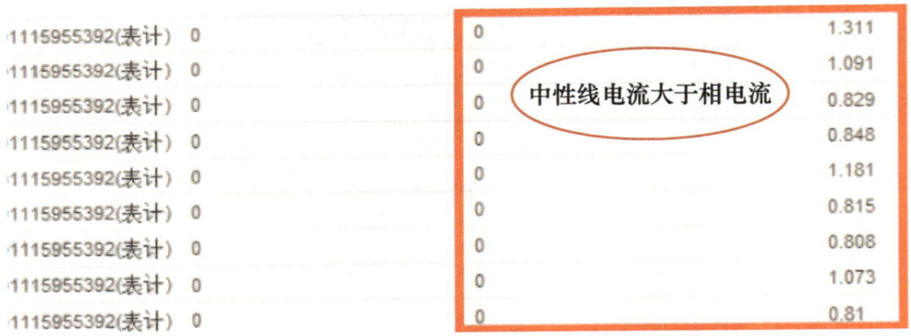

图 3-250　某用户电流异常截图

◢【现场核查】

（1）2021年4月16日工作人员前往现场核查，发现该用户电能表安装在破旧房子外墙，似乎未用电，用钳形电流表测量表前表后线，发现中性线与相线电流不一致，但实测电流与电能表显示一致，说明电能表无异常。

（2）进一步检查，发现该电能表除了供此旧房子用电外，另有一路线从旧房子接到新房子用电，但新房子也立户安装电能表，暂无法确定两个电能表是否共用中性线，就在工作人员检查过程中，该用户趁检查人员不注意，快速登上老房子楼顶，从里面剪断了违约用电电线，检查人员再返回时，检查发现电能表相线电流已恢复正常。

（3）稍后电话联系供电所在岗人员查看采集系统数据，确认此时电能表中性线、相线电流已恢复一致，认定该用户存在违约用电行为。

（4）检查人员登上梯子检查接户线，终于在屋檐下一只绝缘子绑扎处发现相线被该用户割破，另接一根线，十分隐蔽接入新房子用电。该用户违约用电接线现场如图 3-251 所示。

图 3-251　该用户违约用电接线现场

◢【整改措施】

（1）工作人员当场告知用户该行为属违约用电，出具"违约用电现场处理单"由用户签字确认。当场剪断清除违约用电线路。

（2）该违约用电行为处理后，2021 年 4 月 17 日起，台区日均线损率恢复至 3.5% 左右，并持续保持稳定。

◢【小结与建议】

（1）此起违约用电接线非常隐蔽，站在地面上根本无法看到违约用电接线点。另外此电能表安装在老房子处，抄表人员及检查人员若未仔细检查，误以为电量少是老房子未用电，具有很大的迷惑性。

（2）最终判定和查出违约用电行为，主要借助 HPLC 采集覆盖，具备实时负荷采集功能，对比中性线、相线电流差异，以及检查人员的敏锐观察和耐心细致的检查。

（3）日常工作中应加强系统监控，线损电量明显波动时，应及时分析供电量、售电量变化情况，用户电量变化是否与台区线损电量关联，单相用户是否存在中性线、相线电流不一致现象，通过系统研判查找异常用户。

案例 8　私自安装落地式表箱并自备电能表掩护违约用电

【案例描述】

线损治理小组发现，某台区 2020 年 5 月，频繁出现突发性大线损，从 5 月 1 日至 31 日，台区线损率有 11 天超出合理区间上限，最大日线损率达 17.05%，最大日损失电量达 90.66kWh，如图 3-252 所示。

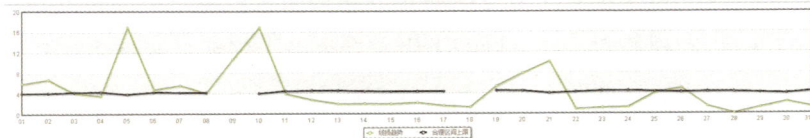

线损率	理论线损率	合理区间上限	台区总容量	台区供电量	台区用电量	线损电量
17.05	1.64	3.85	500	397.59	329.81	67.78
4.83	2.05	4.26	500	965.66	919.05	46.61
5.64	1.99	4.19	500	698.33	658.94	39.39
4.12	1.99	4.19	500	975.27	935.07	40.2
10.78			500	916.89	818.05	98.84
16.98	1.75	3.95	500	533.87	443.21	90.66

图 3-252　该台区 5 月线损率变化情况

【分析研判】

（1）该台区为城市小区供电设施，供电方式采用纯电缆线路。从采集系统查看，台区内共有低压用户 41 户，无光伏发电上网户，采集覆盖率为

100%，采集成功率为100%，未发现影响线损计算因素。

（2）核查小区内其他相邻台区，同时段内未发现有线损异常情况。近一段时期也未出现电能表数量变动，户变关系错误因素可能性不大，但台区总户数较少，工作量不大，拟再次核查确认。

（3）比对分析台区内电能表日用电量的变化情况，未发现数据异常。

（4）台区内多次出现间隙性不连续的大线损，且该小区设备投运5年左右，基本可排除线路和设备漏电可能性，但用户违约用电概率较大。

综上初步研判，重点应核查台区内用户违约用电问题。

【现场核查】

（1）6月1日，线损治理小组工作人员巡查台区供电区域，未发现有明显临时性施工等私拉接线用电情况。

（2）经再次核查，台区内户变对应关系正确。

（3）工作人员决定对所有分接箱和表箱逐一进行核查。当核查到台区3号分接箱时，发现箱内一路电缆线上没有命名牌，仔细观察该路电缆绝缘层与其他三路电缆颜色差异明显，判断该电缆是在小区电力设施建成投运几年后新接入的，随即对该路电缆走向进行细致排查，最终在3号分接箱不远处的一只私装落地式表箱内找到了相同型号、规格的电缆，经确认为某用户私装电能表用电。

（4）经进一步核查，在小区围墙外发现实际用电设备为一台水泵，用于下雨天的小区排水，确认大线损由用户违约用电引起，如图3-253所示。

图3-253 用户违约用电抽水泵控制箱

【整改措施】

（1）线损治理小组随后查清了违约用电主体，向其出具"违约用电现场处理单"，由用户负责人签字确认。

（2）该违约用电行为处理后，2020年6月日线损率下降至1.4%左右，并持续保持稳定，如图3-254所示。

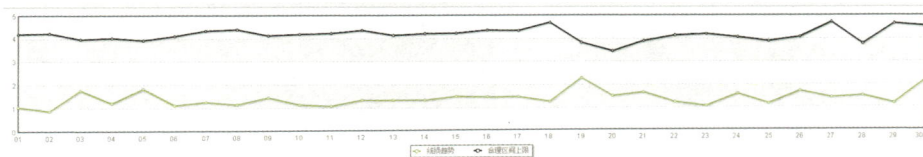

图3-254　台区6月线损率曲线

【小结和建议】

（1）该违约用电的设备为小区排水泵，下雨量较大时，自动启动排水，天晴时不用电，所以导致台区线损率间隙性突增。

（2）此类违约用电较为隐蔽，仿制供电企业的表箱，伪装误导检查人员。所以在核查时，低压分接箱每一路出线都要仔细查看到位。

（3）要结合日常低压抢修、现场电能表核抄、电能表轮换、业扩现场查勘等各项工作加强低压设备、用户计量装置的巡视检查工作，及时发现异常问题。

案例9　表前进户线墙内隐蔽分流接线违约用电

【案例描述】

2021年1月线损治理小组发现，某台区近两个月线损率波动日趋明显，2020年12月23日起线损率更是大幅升高，最高时达到13.81%，且线损电量波动十分明显，如图3-255所示。

线损率	理论线损率	合理区间上限	台区总容量	台区供电量	台区用电量	线损电量
5.72	2.46	4.43	400	497.54	469.09	28.45
11.68	2.60	4.56	400	396.03	349.79	46.24
13.81	2.70	4.67	400	481.32	414.84	66.48
12.83	2.67	4.63	400	508.2	442.98	65.22
12.59	2.77	4.73	400	514.74	449.95	64.79
12.83	3.13	5.09	400	501.58	437.23	64.35
10.38	2.76	4.73	400	448.35	401.8	46.55
9.43	2.85	4.82	400	490.71	444.44	46.27
11.98	2.95	4.91	400	612.09	538.74	73.35
13.22	2.72	4.68	400	677.41	587.88	89.53

图 3-255　该台区 2020 年 12 月 23 日起线损率明显升高

【分析研判】

（1）该台区为农村架空线路台区，该台区低压用户 146 户，光伏发电上网 3 户，采集覆盖率 100%，除个别日期存在零星小电量用户采集估算外，采集成功率均达到 100%，供电量关口和发电上网关口均无异常，未发现影响台区线损率计算的因素。

（2）核查比对附近台区用户数，均无变化，且未发现线损率明显变化台区，基本研判台区户变对应关系正确。

（3）因线损电量较大，且线损电量值波动明显，基本排除漏电可能性，初步分析可能存在用户计量装置故障或违约用电问题。

（4）导出线损率和线损电量不同的多日用户用电量清单，进一步比对分析，发现某用户用电量明显偏少，该户家庭条件较好，冬天日用电量仅为 2kWh 左右，与实际用电情况不符，疑存在违约用电或计量装置异常，需现场核查确认，如图 3-256 所示。

查询结果:【符号"—"含义为参见左列】

日期	局号(终端/表计)	CT	PT	表计自身倍率	正向有功总电量
2021-01-31	3330001000100094129666(表计)	1	1	1	6.82
2021-01-30	3330001000100094129666(表计)	1	1	1	7.1
2021-01-29	3330001000100094129666(表计)	1	1	1	2.09
2021-01-28	3330001000100094129666(表计)	1	1	1	2.37
2021-01-27	3330001000100094129666(表计)	1	1	1	1.78
2021-01-26	3330001000100094129666(表计)	1	1		1.99
2021-01-25	3330001000100094129666(表计)	1	1		1.92
2021-01-24	3330001000100094129666(表计)	1	1		2.11
2021-01-23	3330001000100094129666(表计)	1	1		3.31
2021-01-22	3330001000100094129666(表计)	1	1	1	2.22
2021-01-21	3330001000100094129666(表计)	1	1	1	2.38
2021-01-20	3330001000100094129666(表计)	1	1	1	1.91
2021-01-19	3330001000100094129666(表计)	1	1	1	1.86
2021-01-18	3330001000100094129666(表计)	1	1	1	1.54
2021-01-17	3330001000100094129666(表计)	1	1	1	2.62
2021-01-16	3330001000100094129666(表计)	1	1	1	4.31
2021-01-15	3330001000100094129666(表计)	1	1	1	2.15

与用户现场实际用电情况不符

图 3-256　用户用电量与实际用电情况不符

【现场核查】

（1）2021 年 1 月 29 日工作人员前往现场检查，嫌疑用户电能表外观和接线均未发现异常，使用钳形电流表测量表前和表后线电流，与电能表显示一致。

（2）现场观察，该户自建房面积较大，用电设备较多，家中人员正常居住，用电量与现场情况明显不相符，工作人员继续深入检查。

（3）工作人员登梯对电源进户点进行检查，使用钳形电流表测量进线搭接点电流，发现与电能表显示电流存在较大差异，明显高于电能表显示电流值，也明显高于表后线检测的电流值。基本判断电源搭接点至电能表进线点之间存在问题。

（4）仔细观察进户线有一段被用户故意粉刷进墙面内，工作人员报警请求协助，并决定凿开粉刷层进一步核查。

（5）凿开粉刷层后发现，用户将进线塑料管割破，另接两根线穿墙到表后开关，用于室内部分设备用电，确认存在违约用电行为。用户违约用电现场照片如图 3-257 所示。

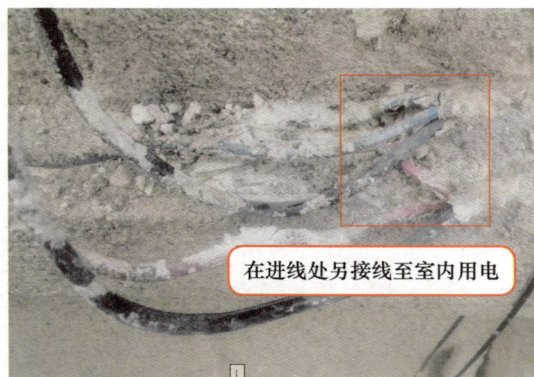

图 3-257　用户违约用电现场照片

▲【整改措施】

（1）工作人员现场进行取证，出具"违约用电现场处理单"，由用户签字确认。

（2）违约用电取证确认完毕后，当场清除违约接线。1月30日起台区线损率下降至 1.7% 左右，此后持续保持稳定，如图 3-258 所示。

线损率	理论线损率	合理区间上限	台区总容量	台区供电量	台区用电量	线损电量
16.26	2.79	4.75	400	505.5	423.31	82.19
14.99	2.94	4.9	400	541.73	460.53	81.2
11.73	2.91	4.87	400	593.71	524.09	69.62
11.45	2.90	4.86	400	546.65	484.08	62.57
11.76	3.00	4.96	400	547.05	482.7	64.35
12.44	2.98	4.95	400	510.54	447.04	63.5
10.57	2.86	4.82	400	643.93	575.87	68.06
8.47	2.97	4.93	400	642.09	587.71	54.38
1.57	2.90	4.86	400	594.75	585.44	9.31
1.74	2.81	4.77	400	560.42	550.67	9.75

图 3-258　该台区 2021 年 1 月 30 日起线损恢复正常

◤【小结与建议】

（1）这是主观故意且手法较隐蔽的违约用电行为，是台区线损治理的重点和难点，需要工作人员业务全面，分析研判准确，核查用心细心，更要有高度的责任心。

（2）当台区线损率明显波动时，应及时分析台区供电量、用电量变化情况，研判用户电量变化是否与台区线损率波动有较强关联，现在随着 HPLC 采集覆盖面的扩大，通过系统分析查找异常用户的成功率进一步提高，应更充分应用系统数据助力线损治理。

案例 10　同一用户两处房产关联发现同时存在违约用电

◤【案例描述】

2021 年 2 月线损治理小组注意到，某台区较长时间内线损持续波动，线损率虽基本未超过 7% 的阶段性管理要求，但线损电量较大，波动幅度较大，日线损率高低差超过 3 个百分点。往前追溯，发现夏天、冬天的用电高峰期线损电量明显增加，怀疑存在计量故障或违约用电，但此前多次现场检查，均未查明原因，如图 3-259 所示。

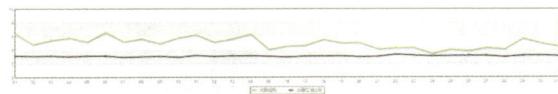

线损率	理论线损率	合理区间上限	台区总容量	台区供电量	台区用电量	线损电量
6.36	1.42	3.18	630	1524	1427.07	96.93
4.80	1.38	3.13	630	1238	1178.54	59.46
5.39	1.40	3.16	630	1294	1224.23	69.77
5.74	1.33	3.08	630	1058	997.23	60.77
5.19	1.40	3.16	630	1186	1124.39	61.61
6.53	1.39	3.15	630	1312	1226.32	85.68
5.20	1.22	2.98	630	1596	1513.06	82.94
5.59	1.28	3.04	630	1660	1567.21	92.79
4.91	1.34	3.1	630	1694	1610.86	83.14
5.74	1.21	2.97	630	1646	1551.44	94.56

图 3-259　该台区 2021 年 1 月线损情况

▲【分析研判】

（1）该台区采用全电缆供电，属城区住宅小区供电区域，投运时间近10年，低压用户427户，无光伏发电上网户，采集覆盖率100%，采集成功率基本稳定在100%，未发现影响线损率计算的问题。

（2）核查多月数据，线损率上下波动频繁，基本排除线路设备漏电可能性。台区线损在冬天、夏天波动更为明显，考虑电能表故障或违约用电概率较大。

（3）台区内零电量及低电量的用户较多，用户实际是否居住，需开展全面核查。

（4）线损治理小组在比对研判时发现，某用户在另外一个台区的房产近期刚刚被查获违约用电，该用户在处理违约用电案件时无意中透露平时不在此地居住，线损治理人员通过核对系统中身份证及手机号等信息，查询出该用户用电地址恰巧在本台区，且用电量较少，峰谷电量比例不符合理论值，住宅电量少于车库电量。

（5）继续比对两个关联台区的线损率，发现这两个台区线损率波动高度反向关联，即一台高时，另一台就低，于是该用户被列入现场检查重点户。

▲【现场核查】

（1）根据研判情况2月22日工作人员再次前往现场核查，首先找到该用户所在楼道单元的多表位表箱，核对表前接线桩头的每一路接线，发现另有一对铜芯塑料线穿过整排电能表后面，没有接入电能表，也没有接到所有电能表所对应的出线开关，去向不明，如图3-260所示。

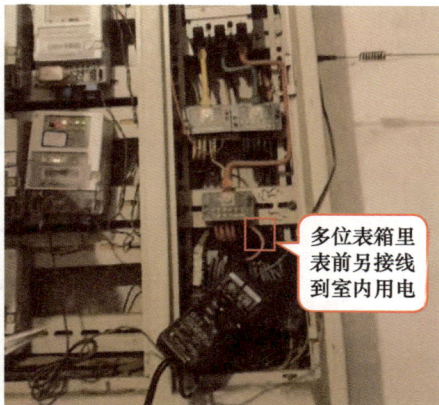

多位表箱里表前另接线到室内用电

图 3-260　用户违约用电接线现场

（2）工作人员登上梯子，进一步仔细检查被电能表遮挡的铜芯塑料导线走向，发现该导线最终通过嫌疑用户的电能表后出线至楼上住宅的墙内管道，于是基本锁定违约用电事实。

（3）工作人员随即电话联系派出所，在派出所配合下，在用户家的电源分配箱内找到该路未经电能表的铜芯塑料导线。现场确认该用户室内设备除了照明外，均使用违约用电电源。

【整改措施】

（1）违约用电查证完毕后，工作人员当场制止了违约用电行为，现场剪断违约用电电源，并进行绝缘包扎处理。出具"违约用电现场处理单"，由用户签字确认。

（2）2月23日该台区线损率降至2.30%，此后台区线损率持续稳定在2.3%以内，如图3-261所示。

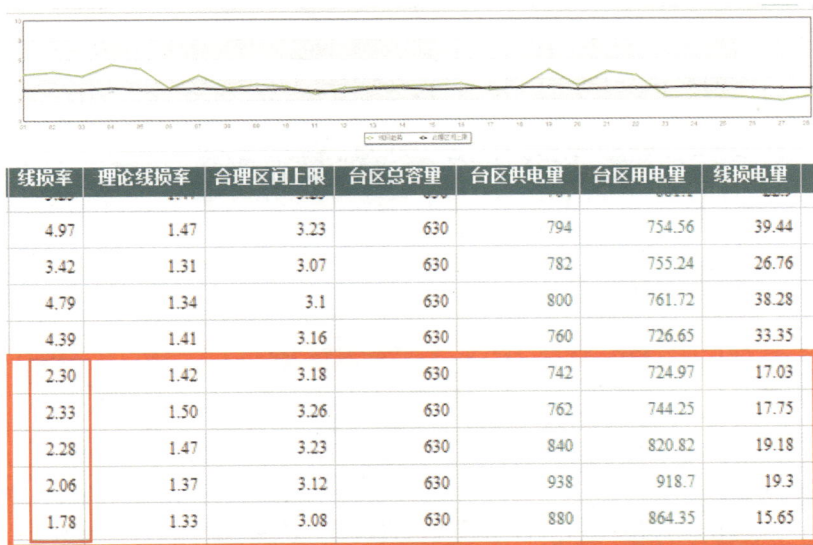

线损率	理论线损率	合理区间上限	台区总容量	台区供电量	台区用电量	线损电量
4.97	1.47	3.23	630	794	754.56	39.44
3.42	1.31	3.07	630	782	755.24	26.76
4.79	1.34	3.1	630	800	761.72	38.28
4.39	1.41	3.16	630	760	726.65	33.35
2.30	1.42	3.18	630	742	724.97	17.03
2.33	1.50	3.26	630	762	744.25	17.75
2.28	1.47	3.23	630	840	820.82	19.18
2.06	1.37	3.12	630	938	918.7	19.3
1.78	1.33	3.08	630	880	864.35	15.65

图3-261　该台区2021年2月23日起线损恢复正常

◤【小结与建议】

（1）规模较大的台区，线损率异常波动分析排查相对难度较大，需要有坚持不懈持续跟踪的耐心和责任心。

（2）对违约用电户的关联分析也是可以借鉴的一种思路，通过大数据运用分析比对，可以有效提高研判精准度。

（3）加强多表位表箱电源的管理，规范接线作业行为，同时周期核抄和日常运行维护时应特别关注异常接线。

案例 11　从定量计量的广电放大器配电箱内另接线路违约用电

◤【案例描述】

2020 年 12 月线损治理小组发现，某台区自 2020 年 11 月起线损率明显升高，虽然线损电量值不大，但线损率波动幅度很大，最低时 6.84%，最高时达到 19.66%，如图 3-262 所示。

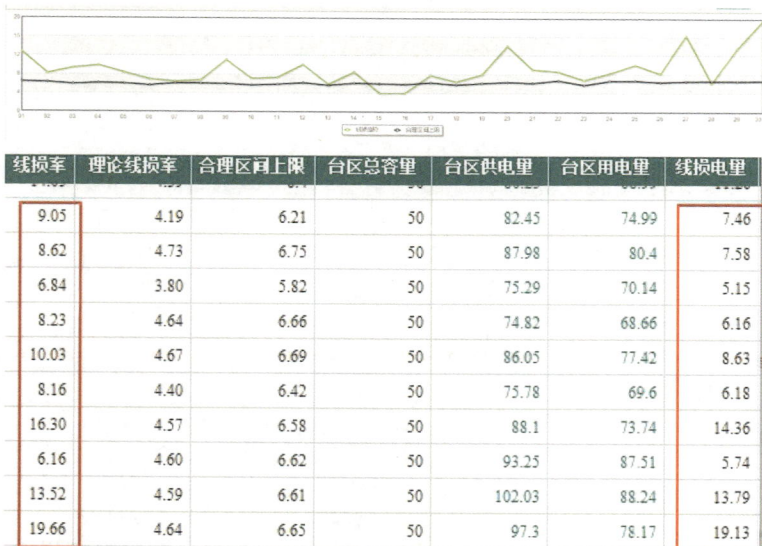

线损率	理论线损率	合理区间上限	台区总容量	台区供电量	台区用电量	线损电量
9.05	4.19	6.21	50	82.45	74.99	7.46
8.62	4.73	6.75	50	87.98	80.4	7.58
6.84	3.80	5.82	50	75.29	70.14	5.15
8.23	4.64	6.66	50	74.82	68.66	6.16
10.03	4.67	6.69	50	86.05	77.42	8.63
8.16	4.40	6.42	50	75.78	69.6	6.18
16.30	4.57	6.58	50	88.1	73.74	14.36
6.16	4.60	6.62	50	93.25	87.51	5.74
13.52	4.59	6.61	50	102.03	88.24	13.79
19.66	4.64	6.65	50	97.3	78.17	19.13

图 3-262　该台区 2020 年 11 月线损变化情况

【分析研判】

（1）该台区为农村供电台区，共有低压用户 19 户，小容量余电上网光伏 1 户，采集覆盖率 100%，采集成功率 100%，台区对应关系正确，未发现影响台区线损率计算的异常问题。

（2）因线损电量波动明显，基本排除漏电可能，初步分析怀疑存在用户计量故障或用户违约用电问题。

（3）导出不同线损率的多日全部用户用电量清单作进一步分析，发现某用户用电量波动明显，且用电负荷间歇性为零，经常白天有负荷，傍晚至次日早上无负荷，与实际用电习惯不符，疑存在间歇性违约用电现象，需现场进一步核查确认。如图 3-263 和图 3-264 所示。

查询结果：【符号"←"含义为参见左列】

日期	局号(终端/表计)	CT	PT	表计自...	正向有功总...	正向有功...	←尖电量	←峰电量	←平电量	←谷电量
2020-12-09	33300001000100040565...	1	1	1	9.89		0	6.23	0	3.66
2020-12-08	33300001000100040565...	1	1	1	13.69		0	3.86	0	9.84
2020-12-07	33300001000100040565...	1	1	1	19.12		0	8.37	0	10.74
2020-12-06	33300001000100040565...	1	1	1	21.65		0	11.24	0	10.41
2020-12-05	33300001000100040565...	1	1	1	20.64		0	7.71	0	12.93
2020-12-04	33300001000100040565...	1	1	1	18.13		0	6.88	0	11.25
2020-12-03	33300001000100040565...	1	1	1	10.8		0	8	0	2.81
2020-12-02	33300001000100040565...	1	1	1	0.94		0	0.83	0	0.11
2020-12-01	33300001000100040565...	1	1	1	1.37	电量波动明显	0	1.27	0	0.09
2020-11-30	33300001000100040565...	1	1	1	1.33		0	1.28	0	0.06
2020-11-29	33300001000100040565...	1	1	1	15.26		0	4.01	0	11.25
2020-11-28	33300001000100040565...	1	1	1	16.97		0	13.92	0	3.05
2020-11-27	33300001000100040565...	1	1	1	1.94		0	1.91	0	0.02
2020-11-26	33300001000100040565...	1	1	1	1.84		0	1.82 峰谷比例异常	0	0.03
2020-11-25	33300001000100040565...	1	1	1	2.2		0	2.16	0	0.03
2020-11-24	33300001000100040565...	1	1	1	0.68		0	0.65	0	0.04
2020-11-23	33300001000100040565...	1	1	1	1.53		0	1.49	0	0.03
2020-11-22	33300001000100040565...	1	1	1	2.76		0	2	0	0.76
2020-11-21	33300001000100040565...	1	1	1	7.41		0	7.09	0	0.32
2020-11-20	33300001000100040565...	1	1	1	2.59		0	2.26	0	0.33
2020-11-19	33300001000100040565...	1	1	1	2.04		0	1.94	0	0.1
2020-11-18	33300001000100040565...	1	1	1	1.72		0	1.66	0	0.07
2020-11-17	33300001000100040565...	1	1	1	0.84		0	0.75	0	0.08
2020-11-16	33300001000100040565...	1	1	1	1.58		0	1.36	0	0.77

图 3-263　该用户用电量波动及峰谷比例异常

查询结果

日期 ▼	局号(终端/表计)	(表计)	瞬时有功(kW)	一无功(kvar)	A相电流(A)	一B相	一C相	零线电流(A)	A相电压(V)
2020-12-13 10:15:00	3330001000100040£	(表计)	1.736		8.28			8.283	211.4
2020-12-13 10:00:00	3330001000100040£	(表计)	1.8021		8.809			8.783	207.6
2020-12-13 09:45:00	3330001000100040£	(表计)	0.4476		2.52			2.519	225.8
2020-12-13 09:30:00	3330001000100040£	(表计)	0.5226		3.197			3.205	222.9
2020-12-13 09:15:00	3330001000100040£	(表计)	0.0274		0.145			0.142	227.4
2020-12-13 09:00:00	3330001000100040£	(表计)	0.073		0.324			0.324	228.1
2020-12-13 08:45:00	3330001000100040£	(表计)	0.0938		0.674			0.605	220.6
2020-12-13 08:30:00	3330001000100040£	(表计)	0.118		0.726			0.726	230.1
2020-12-13 08:15:00	3330001000100040£	(表计)	0.0738		0.317			0.316	236.6
2020-12-13 08:00:00	3330001000100040£	(表计)	0.0449		0.225			0.226	242.1
2020-12-13 07:45:00	3330001000100040£	(表计)	0.0293		0.151			0.151	230.2
2020-12-13 07:30:00	3330001000100040£	(表计)	0.0724		0.327			0.329	223.2
2020-12-13 07:15:00	3330001000100040£	表计)	0		0				232.8
2020-12-13 07:00:00	3330001000100040£	(表计)	0		0			0	234.7
2020-12-13 06:45:00	3330001000100040£	表计)	0		0			0	234.7
2020-12-13 06:30:00	3330001000100040£	(表计)	0		0			0	230.8
2020-12-13 06:15:00	3330001000100040£	(表计)	0		0			0	237.2
2020-12-13 06:00:00	3330001000100040£	(表计)	0		0			0	239.6
2020-12-13 05:45:00	3330001000100040£	(表计)	0		0			0	240.8
2020-12-13 05:30:00	3330001000100040£	(表计)	0		0			0	232.7
2020-12-13 05:15:00	3330001000100040£	(表计)	0		0			0	240.6
2020-12-13 05:00:00	3330001000100040£	(表计)	0		0			0	240.4
2020-12-13 04:45:00	3330001000100040£	(表计)	0		0			0	237.7
2020-12-13 04:30:00	3330001000100040	表计)	0		0			0	247.5

查询结果

日期 ▼	局号(终端/表计)	(表计)	瞬时有功(kW)	一无功(kvar)	A相电流(A)	一B相	一C相	零线电流(A)	A相电压(V)
2020-12-12 22:15:00	3330001000100040£	(表计)	0		0			0	214.9
2020-12-12 22:00:00	3330001000100040£	(表计)	0		0			0	211.2
2020-12-12 21:45:00	3330001000100040£	(表计)	0		0			0	204.4
2020-12-12 21:30:00	3330001000100040£	(表计)	0		0			0	218.3
2020-12-12 21:15:00	3330001000100040£	(表计)	0		0			0	219.3
2020-12-12 21:00:00	3330001000100040£	(表计)	0		0			0	219.8
2020-12-12 20:45:00	3330001000100040£	(表计)	0		0			0	216.8
2020-12-12 20:30:00	3330001000100040£	(表计)	0		0			0	222.7
2020-12-12 20:15:00	3330001000100040£	(表计)	0		0			0	223.7
2020-12-12 20:00:00	3330001000100040	(表计)	0		0			0	217.9
2020-12-12 19:45:00	3330001000100040	(表计)	0		0			0	226.7
2020-12-12 19:30:00	3330001000100040£	(表计)	0		0			0	224.5
2020-12-12 19:00:00	3330001000100040£	(表计)	0		0			0	228.4
2020-12-12 18:45:00	3330001000100040	(表计)	0.2167		1.227			1.208	234.5
2020-12-12 18:30:00	3330001000100040£	(表计)	0.2396		1.224			1.258	232.5
2020-12-12 18:15:00	3330001000100040£	(表计)	0.1871		1.034			1.04	234.5
2020-12-12 18:00:00	3330001000100040	(表计)	0.2531		1.284			1.282	228
2020-12-12 17:45:00	3330001000100040C	(表计)	0.2321		1.159			1.269	212.9
2020-12-12 17:30:00	3330001000100040	(表计)	0.5143		3.129			3.127	212.4
2020-12-12 17:15:00	3330001000100040	(表计)	0.998		4.79			4.788	211.6
2020-12-12 17:00:00	3330001000100040C	(表计)	2.8408		13.82			13.815	205.9
2020-12-12 16:45:00	3330001000100040C	(表计)	0.3893		1.785			1.785	228.2
2020-12-12 16:30:00	3330001000100040	(表计)	0.1385		0.862			0.826	221.9
2020-12-12 16:15:00	3330001000100040	(表计)	0.1487		0.862			0.861	225.6

图3-264 该用户2020年12月12日18:45至13日早上7:15期间电流一直为0

▲【现场核查】

（1）2020 年 12 月 16 日工作人员实施现场检查，发现用户从外墙上的华数广电配电箱内电源另接线至室内，并做成插头方便切换实现违约用电，如图 3-265 所示。

（2）华数广电配电箱，因点多面广，实行一个台区安装

图 3-265 该用户违约用电现场照片

一只参考表，按台区内实际配电箱数量乘以倍率计算电量总用电量，直接从该箱内接线用电，属于违约用电。

▲【整改措施】

（1）核查确认存在违约用电行为后，工作人员当场制止违约用电行为，拆除违规接线，出具"违约用电现场处理单"，由用户签字确认。

（2）现场违约用电处理完毕后，次日起该台区线损率恢复正常水平，持续稳定在 4% 以下，日线损电量在 5kWh 以下。该台区 2020 年 12 月 17 日起线损恢复正常如图 3-266 所示。

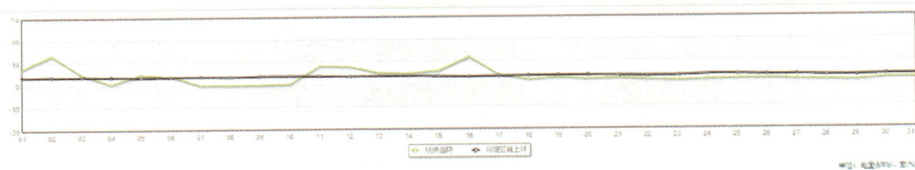

图 3-266 该台区 2020 年 12 月 17 日起线损恢复正常

▲【小结与建议】

（1）该案例为间隙性时段性违约用电，用户白天小容量设备正常使用经

电能表计量的出线电源，晚上切换至违约用电模式，针对此类异常，目前可利用 HPLC 采集的数据，有效进行系统数据分析。

（2）充分运用采集系统分时线损数据，有效判断用户违约用电规律和主要时段，实现精准研判和高效查处。

案例 12　利用多户表箱内预留空表位隐蔽接线违约用电

▶【案例描述】

2020 年 11 月线损治理小组发现，某台区 2020 年 7 月以来线损率在 1%～7% 之间异常波动，已持续几个月，且线损电量随季节性变化明显，经了解供电所多次检查未查明原因，如图 3-267 所示。

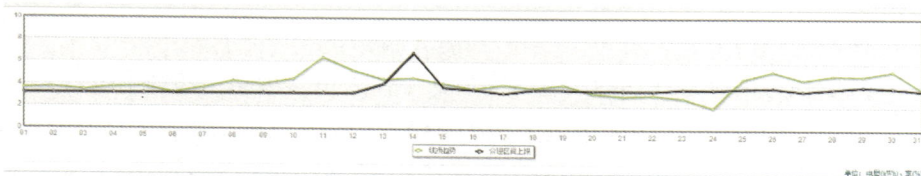

线损率	理论线损率	合理区间上限	台区总容量	台区供电量	台区用电量	线损电量
3.04	1.47	3.45	630	2047.2	1985.06	62.14
2.77	1.62	3.61	630	2193.6	2132.79	60.81
1.96	1.60	3.58	630	2030.4	1990.57	39.83
4.51	1.72	3.7	630	1634.4	1560.76	73.64
5.25	1.78	3.76	630	1608	1523.52	84.48
4.48	1.50	3.48	630	1548	1478.6	69.4
4.90	1.73	3.71	630	1828.8	1739.11	89.69
4.86	1.96	3.94	630	1768.8	1682.8	86
5.33	1.82	3.81	630	1924.8	1822.12	102.68
3.62	1.59	3.58	630	2116.8	2040.17	76.63

图 3-267　该台区 2020 年 7 月线损变化情况

◢【分析研判】

（1）从用电信息采集系统查看，该台区共有低压用户 70 户，主要为排屋和别墅用电，无光伏发电上网，核查小区内其他台区情况，未发现线损率异常波动，采集覆盖率和采集成功率均保持 100%，未发现户变关系错误、采集缺失等影响线损计算的情况。

（2）系统召测大电量用户电压、电流等数据，未发现有反向数据异常用户。因线损随季节波动变化明显，基本排除漏电可能，初步研判存在违约用电的概率较大。

（3）选取台区内不同日期的用户用电量清单，进行比对分析，初步筛选出部分用电量异常波动及峰谷比例不符合理论值的用户，列为违约用电行为嫌疑户，安排进一步现场核查。

◢【现场核查】

（1）11 月 18 日，线损治理小组现场排查过程中，发现台区用户较为集中，全电缆线路，所有电能表均安装在多表位表箱内，理论上台区线损应该比较低，进一步增加了存在违约用电的概率。

（2）进一步检查嫌疑用户，发现其中有两户存在违约用电行为，其中一户为三相表位实际安装单相电能表，黄、绿两相进出线直接连接，绕越电能表量实施违约用电，如图 3-268 所示；另一用户从三相空表位预留电源线隐蔽接线实施违约用电，如图 3-269 所示。

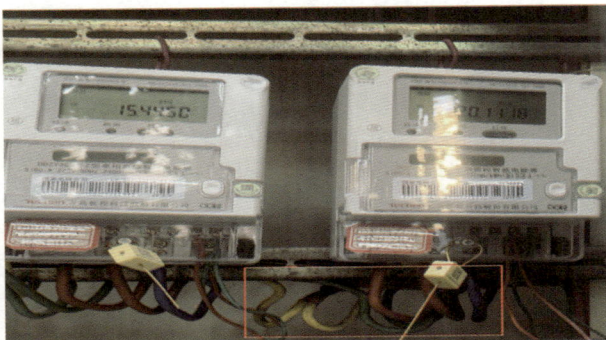

三相表位单相表计，黄绿两相直接把进出线连接用电

图 3-268 单相用户违约用电现场

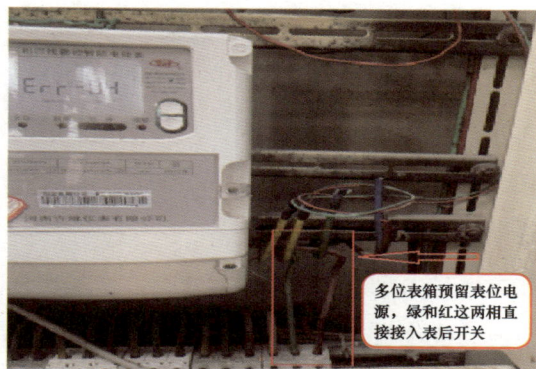

图 3-269　用户从三相预留表位接线违约用电现场

【整改措施】

（1）查明情况后，工作人员按照携带的用户清单地址，找到相关 2 户用电户确认违约用电事实，当场出具"违约用电现场处理单"，由用户签字确认。11 月 18 日当天拆除了违约用电接线，恢复正常接线方式。

（2）11 月 19 日开始，台区线损率下降至 1.2% 左右，此后持续保持稳定，如图 3-270 所示。

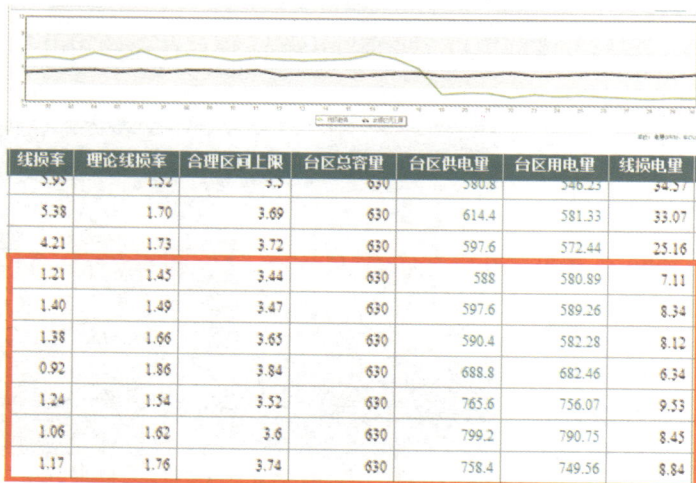

线损率	理论线损率	合理区间上限	台区总容量	台区供电量	台区用电量	线损电量
5.95	1.52	5.5	630	580.8	546.23	34.57
5.38	1.70	3.69	630	614.4	581.33	33.07
4.21	1.73	3.72	630	597.6	572.44	25.16
1.21	1.45	3.44	630	588	580.89	7.11
1.40	1.49	3.47	630	597.6	589.26	8.34
1.38	1.66	3.65	630	590.4	582.28	8.12
0.92	1.86	3.84	630	688.8	682.46	6.34
1.24	1.54	3.52	630	765.6	756.07	9.53
1.06	1.62	3.6	630	799.2	790.75	8.45
1.17	1.76	3.74	630	758.4	749.56	8.84

图 3-270　该台区 2020 年 11 月 19 日起线损恢复正常

◢【小结与建议】

（1）加强系统监控，线损率明显波动时，应及时通过系统数据分析，研判查找异常用户，提高核查效率。

（2）加强周期核抄等现场巡视工作质量，并对抄表人员进行业务技能培训，提高抄表人员对现场异常情况的观察和判断能力，以便日常工作中能及时发现问题。

（3）加强多位表箱预留表位电源的管理，清晰标注，规范包扎，防范违约接线用电。

案例 13　单相表相线与中性线进线对调实施违约用电

◢【案例描述】

线损治理小组发现，2021 年 6 月以来，某台区线损率一直呈现无规律变化，波动幅度超过 4 个百分点，如图 3-271 所示。

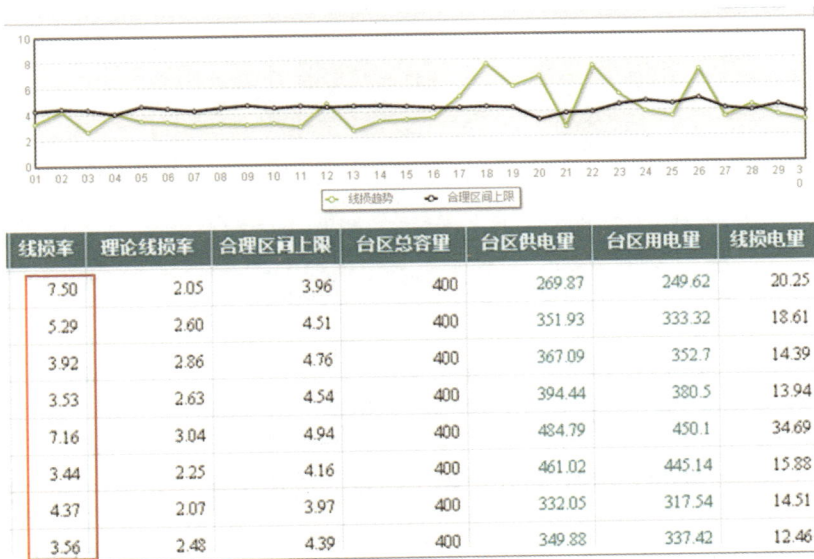

线损率	理论线损率	合理区间上限	台区总容量	台区供电量	台区用电量	线损电量
7.50	2.05	3.96	400	269.87	249.62	20.25
5.29	2.60	4.51	400	351.93	333.32	18.61
3.92	2.86	4.76	400	367.09	352.7	14.39
3.53	2.63	4.54	400	394.44	380.5	13.94
7.16	3.04	4.94	400	484.79	450.1	34.69
3.44	2.25	4.16	400	461.02	445.14	15.88
4.37	2.07	3.97	400	332.05	317.54	14.51
3.56	2.48	4.39	400	349.88	337.42	12.46

图 3-271　该台区 2021 年 6 月线损变化情况

◢【分析研判】

（1）从用电信息采集系统查看，该台区共有低压用户 65 户，光伏发电上网 5 户，线损异常变化前后总用户数未发生变动，核对用户档案，未发现户变关系错误，采集覆盖率和采集成功率均为 100%，光伏上网关口设置信息正确，未发现影响线损计算的情况。

（2）导出不同日期的用户清单，比对分析该台区用户用电量的变化情况，发现某用户用电量变化与该台区线损率存在较强的反向关联，即该户用电量越少该台区线损电量越大线损率越高，疑似存在违约用电。

（3）进一步从采集系统查看该用户 96 点负荷数据，发现其中性线电流大于相线电流，怀疑是分流违约用电。结合以上两点分析研判该户存在违约用电的可能性较大，需现场进一步核查确认。该用户的 96 点负荷数据情况如图 3-272 所示。

日期 ▼	局号（终端/表计）	瞬时有功(kW)	←无…	A相电流(A)	←…	←…	零线电流(A)	A相电压(V
2021-06-26 21:45:00	333000100010009027…	4.7597		20.418			25.247	236.5
2021-06-26 21:30:00	333000100010009027…	1.0228		4.379			9.487	239.3
2021-06-26 21:15:00	333000100010009027…	1.225		5.353			10.194	239.8
2021-06-26 21:00:00	333000100010009027…	0.1712		1.134			5.666	241.2
2021-06-26 20:45:00	333000100010009027…	1.244		5.412			10.288	240.8
2021-06-26 20:30:00	333000100010009027…	1.1027		4.738			9.583	241.5
2021-06-26 20:15:00	333000100010009027…	1.2482		5.338			10.305	241.6
2021-06-26 20:00:00	333000100010009027…	1.2536		5.349			10.728	242.1
2021-06-26 19:45:00	333000100010009027…	1.2519		5.348			10.973	242
2021-06-26 19:30:00	333000100010009027…	3.7264		15.615			21.221	239.8

图 3-272　该用户的 96 点负荷数据情况

◢【现场核查】

（1）2021 年 7 月 9 日供电所用电检查人员前往现场核查，发现该用户故意将电能表进线的中性线与相线接反，造成接线不正常，如图 3-273 所示。

图 3-273　该用户的电能表进线的中性线
与相线接反

（2）继续进一步检查用户总配电箱，发现有部分用电设备的中性线与接地线并在一起，用漏电检测仪检测，发现存在 0.92A 漏电电流，如图 3-274 所示。致使有部分电流没有流回到电能表相线的进出端口，造成该部分电流没有计量，判定这是一起分流违约用电行为。表前中性线与相线接反如图 3-275 所示。

图 3-274　表后配电箱内部分中性线接地

图 3-275　表前中性线与相线接反

◢【整改措施】

（1）现场即与用户确认违约用电事实，当场出具"违约用电现场处理单"，并对违约用电用户重新正确接线。

（2）现场处理完成后，7月10日起，该用户电用电信息数据恢复正常，中性线电流与相线电流一致，用户用电量明显增加，台区线损下降至1.7%以下，并持续保持稳定，如图3-276所示。

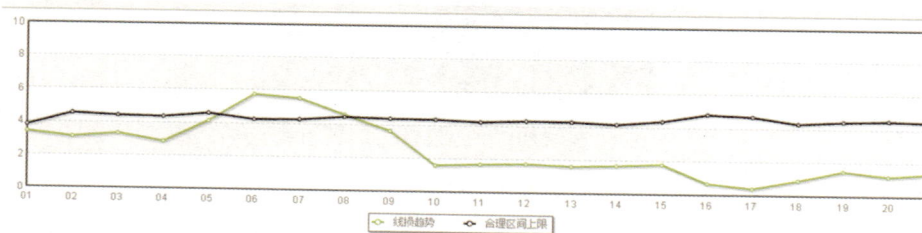

图 3-276　现场处理后该台区线损变化情况

◢【小结和建议】

（1）该案例中的违约行为具有较高的隐蔽性，日常工作中极易疏忽，工作人员安装错误的情况也时有发生。

（2）首先要了解单相电能表的计量原理：单相电能表的计量元件是在相线桩头的进出端子之间，正常接线下电源相线从电能表1端进2端出，经过用电设备后再从电能表中性线桩头流回线路上，电能表正常计量。如果电能表中性线、相线接反，电流先从电能表的中性线流入经用电设备后再从电能表相线桩头流回到线路上，因电流还是经过相线的计量元件，所以还是能正常计量。

（3）该案例是电能表中性线、相线接反，利用表后配电箱内部分中性线接地的方法进行违约用电，这种违约用电拆开表箱乍一看很难发现问题，两根进线一进一出表面上看接线正常，也没有表前接线接入家中用电。但深入分析相线是接入电能表的中性线桩头的，相当于电流从电能表的中性线桩头流入经用电设备后从用户家中的接地线流入大地，电流没有经过电能表相线计量元件，从而达到违约用电目的。

（4）该类违约用电从表面上看非常隐蔽，但仍有两个特点：一是从采集系统数据查看，中性线电流是明显大于相线电流；二是线路上应存在漏电，违约用电电流就是线路上的漏电电流。该问题会造成农村台区总剩余电流动作保护器不能正常投运。

（5）在日常开箱检查时，可以使用验电笔简易快速判断电能表中性线、相线接线是否正确，防止类似问题发生。

案例 14 短接联合接线盒电流连接片时段性违约用电

◢【案例描述】

2021 年 7 月线损治理小组发现，某台区 7 月中旬以来断断续续出现几天高损，最大线损率达 38.75%，线损电量 489.39kWh，如图 3-277 所示。

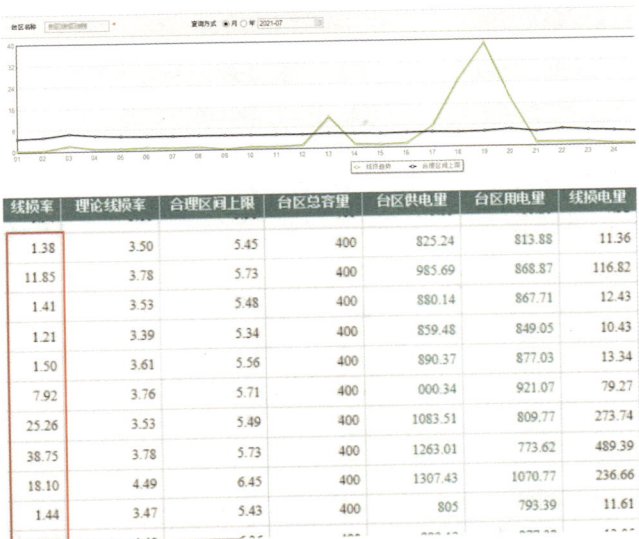

线损率	理论线损率	合理区间上限	台区总容量	台区供电量	台区用电量	线损电量
1.38	3.50	5.45	400	825.24	813.88	11.36
11.85	3.78	5.73	400	985.69	868.87	116.82
1.41	3.53	5.48	400	880.14	867.71	12.43
1.21	3.39	5.34	400	859.48	849.05	10.43
1.50	3.61	5.56	400	890.37	877.03	13.34
7.92	3.76	5.71	400	000.34	921.07	79.27
25.26	3.53	5.49	400	1083.51	809.77	273.74
38.75	3.78	5.73	400	1263.01	773.62	489.39
18.10	4.49	6.45	400	1307.43	1070.77	236.66
1.44	3.47	5.43	400	805	793.39	11.61

图 3-277 该台区 2021 年 7 月中旬线损率变化情况

【分析研判】

（1）从用电信息采集系统查看，该台区共有低压电户 121 户，线损率异常变化前后总用户数未发生变动，采集覆盖率为 100%，采集成功率为 100%，台区内光伏发电上网 4 户，关口设置正确，采集电量正常，未发现影响线损率计算的异常情况。

（2）突发大电量线损，疑似存在漏电问题。但该台区安装总剩余电流动作保护器，通过四驱主站系统核查未发现异常动作信息，基本排除漏电可能性。

（3）该台区为农村产茶叶地区供电，每年这个时间段是采茶、炒茶的季节，茶叶加工厂用电量较大，需重点核查大电量用户。导出台区内多日用户电量清单分析，发现清单中有两户带互感器计量低压用户，为茶叶加工厂用电，怀疑实施违约用电的可能性比较大。

（4）通过采集系统对两户重点用户负荷、电量进行分析，发现其中一户茶叶加工厂 5 月一直用电且用电量较大，而 7 月却出现间隙性零电流，初步研判存在违约用电行为，如图 3-278 所示。

日期	局号(终端/累计)	瞬时有功(kW)	一无功(kvar)	A相电流(A)	一B相	一C相	零速电流(A)	A相电压(V)	一B相	一C相	A相位角
2021-07-18 16:45:00	33300010001002458...	13.516		10.26	24.48	28.62		220.3	224.6	223.7	
2021-07-18 16:30:00	33300010001002458...	12.912		10.68	23.52	27.6		221.7	223.8	223.4	
2021-07-18 16:15:00	33300010001002458...	16.944		7.44	18.24	21.54		218.8	220.8	219.9	
2021-07-18 16:00:00	33300010001002458...	4.26		1.44	10.14	11.82		229.1	228.4	228.5	
2021-07-18 15:45:00	33300010001002458...	13.956		3	28.06	30.48		219.8	221.1	220.7	
2021-07-18 15:30:00	33300010001002458...	5.214		2.22	12.42	14.64		226.2	228	228	
2021-07-18 15:15:00	33300010001002458...	15.732		5.88	30.84	36.06		218.1	220.2	219.6	
2021-07-18 15:00:00	33300010001002458...	6.072		1.98	13.8	16.08		227.4	227.7	227.4	
2021-07-18 14:45:00	33300010001002458...	11.484		4.44	22.56	27		223.1	225.1	223.8	
2021-07-18 14:30:00	33300010001002458...	4.578		1.8	8.28	9.96		230	230.2	230.1	
2021-07-18 14:15:00	33300010001002458...	6.822		0.66	13.2	15.9		228.5	228.8	228.5	
2021-07-18 14:00:00	33300010001002458...	0		0	0	0		235.5	233.7	233.8	
2021-07-18 13:45:00	33300010001002458...	0		0	0	0		234.4	233.2	233.5	
2021-07-18 13:30:00	33300010001002458...	0		0	0	0		235.4	233.7	233.9	
2021-07-18 13:15:00	33300010001002458...							234.1	232.8	232.8	
2021-07-18 13:00:00	33300010001002458...							234.2	233.3	232.7	

图 3-278　该用户某一段时间电流为零

【现场核查】

（1）7 月 20 日工作人员赴现场核查，发现联合接线盒封印缺失，电流连接片短接，如图 3-279 所示。

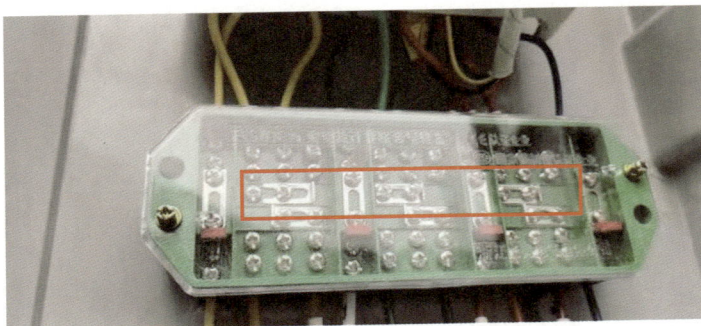

图 3-279　现场接线盒电流连接片短接

（2）经确认用户承认存在违约用电行为。

【整改措施】

（1）现场与用户确认违约用电事实后，出具"违约用电现场处理单"，并由用户签字确认。

（2）2021 年 7 月 20 日当天恢复正确连接，处理后 21 日起线损率降到 1.5% 以下，此后 8 月持续保持稳定，如图 3-280 所示。

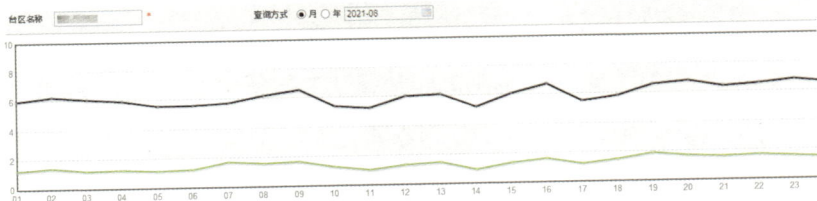

图 3-280　该台区 2021 年 8 月线损变化情况

【小结和建议】

（1）该案例中违约用电较为典型，应加强台区线损率日常监控，发现异常波动，充分利用 HPLC 采集数据，及时分析研判。

（2）日常对台区内用户用电特点应有基本了解，重点关注季节性用电对台区线损的影响。

案例 15 松开电能表电压连接片造成断相违约用电

【案例描述】

线损治理小组发现，2022 年 5 月以来，某台区线损率持续在"一台区一指标"管理目标值上下波动，虽然总体低于目标值，但与相似规模和线路状况台区相比，线损率明显偏高，波动幅度异常，如图 3-281 所示。

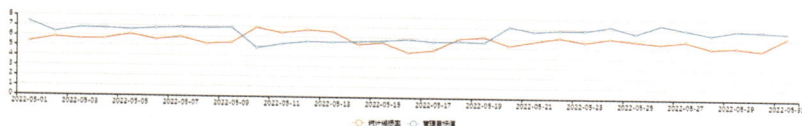

台区容量	台区供电量	台区用电量	线损电量	线损率	理论线损率	管理目标值
400	646.62	613.70	32.92	5.09	4.17	6.49
400	834.76	786.63	48.13	5.77	4.63	6.95
400	578.57	546.71	31.86	5.51	5.12	7.43
400	809.76	763.34	46.42	5.73	4.25	6.56
400	610.46	573.78	36.68	6.01	4.93	7.25
400	543.19	512.59	30.60	5.63	4.52	6.83
400	683.46	641.98	41.48	6.07	4.52	6.84
400	656.99	619.75	37.24	5.67	4.37	6.69

图 3-281　该台区 2022 年 5 月线损率变化情况

【分析研判】

（1）该台区以架空线路方式供电，台区共有低压用户 202 户，光伏发电上网 15 户，从采集系统查看，采集覆盖率 100%，5 月除一天存在个别用户估算外，采集成功率均为 100%，核查 15 户光伏上网关口计量点设置和采集电量，均无异常，未发现影响线损率计算的异常情况。

（2）该台区为农村供电台区，安装总剩余电流动作保护器，并正常投运，基本排除漏电可能性。

（3）导出线损率不同的多日台区低压用户清单，比对电量变化情况，发现某三相用户较长时间日用电量很小或为零。继续核查该用户分时电流、电压情况，发现 A、B 两相电流正常，但电压为零，C 相电压正常，电流为零，瞬时有功为零，疑似电能表故障或存在违约用电情况，需立即组织现场核查，如图 3-282 所示。

日期	资产编号	瞬时有功	瞬时无功	A相电流	B相	C相	零线	A相电压	B相	C相
2022-06-05 13:45:00	0001003117	0.0000		2.341	0.076	0.000		0.0	0.0	232.5
2022-06-05 13:30:00	0001003117	0.0000		2.324	0.080	0.000		0.0	0.0	231.7
2022-06-05 13:15:00	0001003117	0.0000		6.291	0.078	0.000		0.0	0.0	234.9
2022-06-05 13:00:00	0001003117	0.0000		2.335	0.082	0.000		0.0	0.0	231.9

图 3-282　异常用户负荷数据图

【现场核查】

2022 年 6 月 6 日工作人员携带仪器设备前往异常用户现场核查，发现该用户计量箱封印缺失，打开箱门后，发现电能表装接封印缺失，接线正确，实测进线电压、电流正常，但 A、B 两相电压连接片被人为松开，造成计量断相，存在违约用电行为，如图 3-283 所示。

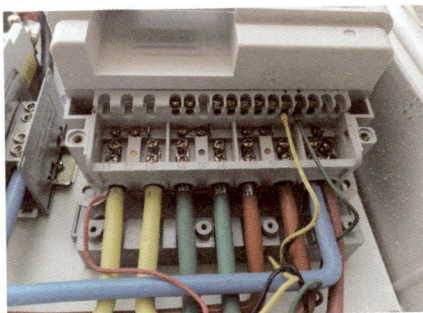

图 3-283　现场电能表接线情况

◢【整改措施】

（1）立即告知在场的用户，该行为属于违约用电行为，当场出具"违约用电现场处理单"，由用户签字确认。

（2）当场紧固 A、B 两相电压连接片，实测进线电压、电流，与电能表显示一致，确认电能表无异常。并重新对电能表和表箱施封。

（3）违约用电处理完成后，6 月 7 日起台区线损率下降至 4% 以下，并持续保持稳定，如图 3-284 所示。

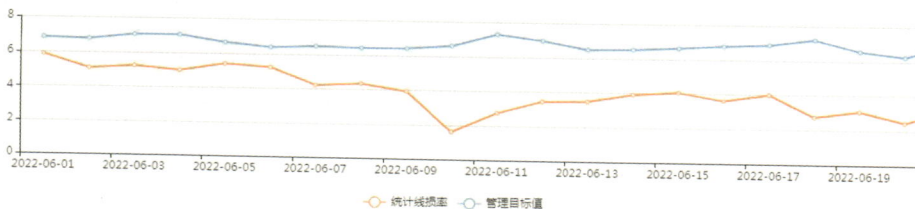

图 3-284　该台区违约用电处理后线损率情况

◢【小结和建议】

（1）该台区用户较多，线损率较高但基本在规定范围，容易被忽视，由于专业人员责任心强、业务敏感性高，才及时发现异常。通过认真分析研判，精准锁定问题，快速核查处理。

（2）充分利用采集系统新上线的用电异常管理功能提供的信息，及时分析排查，提高台区线损治理效率。

案例 16　擅自改动一次接线相位导致违约用电

◢【案例描述】

2020 年 4 月 1 日线损治理小组发现，某台区从 2019 年 9 月开始，每隔一个星期左右台区线损率出现异常，线损率最高时达 14.43%，日线损电量

349.24kWh，台区日线损呈现"锯齿状"波动，如图 3-285 所示。

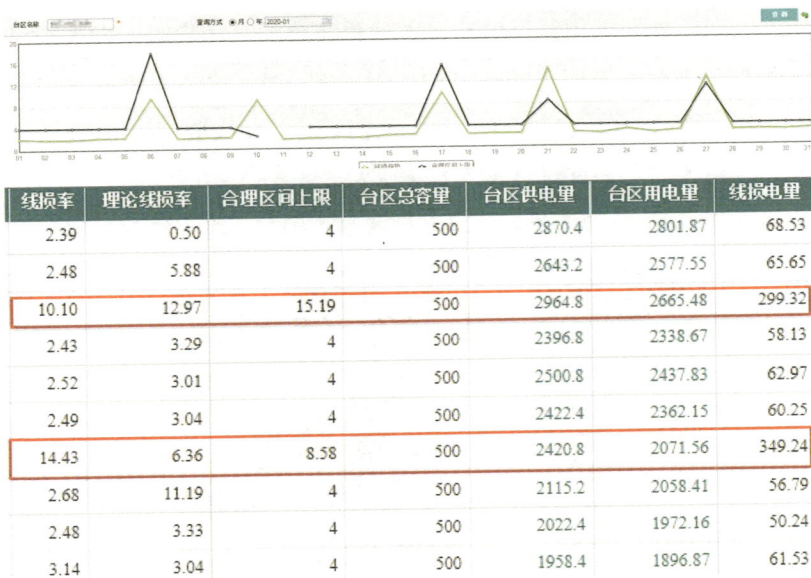

线损率	理论线损率	合理区间上限	台区总容量	台区供电量	台区用电量	线损电量
2.39	0.50	4	500	2870.4	2801.87	68.53
2.48	5.88	4	500	2643.2	2577.55	65.65
10.10	12.97	15.19	500	2964.8	2665.48	299.32
2.43	3.29	4	500	2396.8	2338.67	58.13
2.52	3.01	4	500	2500.8	2437.83	62.97
2.49	3.04	4	500	2422.4	2362.15	60.25
14.43	6.36	8.58	500	2420.8	2071.56	349.24
2.68	11.19	4	500	2115.2	2058.41	56.79
2.48	3.33	4	500	2022.4	1972.16	50.24
3.14	3.04	4	500	1958.4	1896.87	61.53

图 3-285 该台区 2020 年 1 月线损率变化情况

◀【分析研判】

（1）从用电信息采集系统查看，该台区共有低压用户 240 户，无光伏发电上网，线损异常变化前后总用户数未发生变动，初步核对用户档案，未发现户变关系错误，采集覆盖率为 100%，采集成功率为 100%，未发现影响线损计算的情况。

（2）线损率单日突增后即恢复正常，基本排除漏电可能性。

（3）导出线损率正常日与异常日的用户用电量清单进行比对，梳理出台区内 24 户零电量和小电量用户进行重点分析研判，因线损电量较大，重点筛选出多户三相用户，疑似存在计量异常或违约用电情况，需现场进一步核查确认。

【现场核查】

（1）4月2日工作人员前往现场，对初步研判存在嫌疑问题的用户逐一进行核查，当核查到三相经互感器接入计量装置的某用户时，发现现场计量装置电压线和二次电流回路接线正确，但电源一次线B、C两相错位，即B相一次线接入互感器C相线圈，C相一次线接入互感器B相线圈，造成电压电流不同相位，引起计量异常，如图3-286所示。

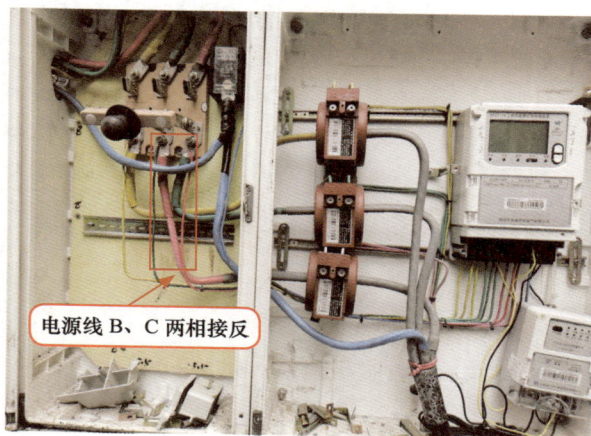

图3-286　某三相用户计量装置现场接线图

（2）工作人员立即联系用户，用户到场后告知，该用户用电设备为水泵，时段性用电。前几个月外部线路改造后，抽水时发现水泵反转，就雇用社会电工在表箱进线刀闸下桩头，将B、C两相电源线进行对调，水泵正常运行后，未向供电企业报告擅自更改接线情况，导致事实违约用电。

【整改措施】

（1）用户当场承认私自改动供电企业计量接线违约行为，但表示此水泵房大部分时间处于停用状态，只有在夜间水压不足时才会启动，平时基本不使用。

（2）工作人员出具"违约用电现场处理单"，由用户签字确认。此后根据《供电营业规则》对用户作相应违约用电处理。现场接线整改后，4月3日起台区线损线损率持续保持在1.6%左右，如图3-287所示。

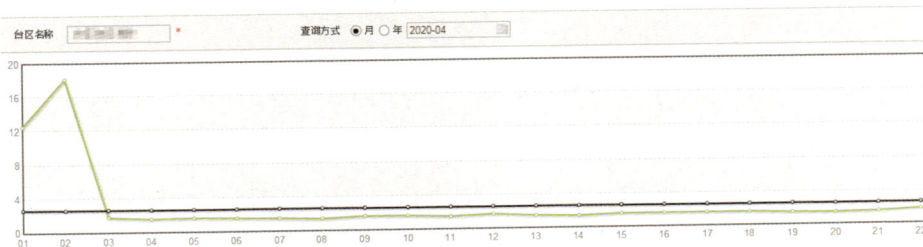

图 3-287　该台区 2020 年 4 月线损变化情况

【小结和建议】

（1）此案例主要是分支线路改造施工不规范引起的用户违约行为，日常工作中有一定的发生概率。防止类似问题需从两方面入手，一是严格规范落实线路改造施工送电前的相序核对，确保施工前后相序一致，杜绝因相序问题造成用户设备运行异常；二是加强服务和宣传，告知用户如遇三相设备反转时，一定要联系供电部门协助处理，或请专业电工在表后线路调相，避免发生违约行为。

（2）该用户错误接线方式较为特殊，系统监测数据异常不易发觉，且间隙性在夜间用电，白天现场检查时不用电，工作人员极易忽视。